設計技術シリーズ

赤外線センサ原理と技術

[著]

立命館大学

木股 雅章

科学情報出版株式会社

目　　次

記　号

記　号	内　容
$\Delta\overline{P_F^{\,2}}$	熱パワーの平均二乗揺らぎ
$\Delta\overline{T_d^{\,2}}$	検出器温度の平均二乗温度揺らぎ
A_d	検出器面積
A_j	ダイオードの接合面積
B	周波数帯域
B_{CAL}	温度校正における波長で決まる定数
C_E	強誘電体キャパシタのキャパシタンス
C_H	検出器の熱容量
C_{hm}	熱容量の調和平均
D	検出能
D^*	比検出能
D^*_{BF}	背景揺らぎ雑音限界比検出能
D^*_{TF}	温度揺らぎ雑音限界比検出能
E	電界強度
E_G	半導体のバンドギャップエネルギー
F	レンズのF値
F_{CAL}	温度校正における線型性を示す定数
G_{GAS}	気体の熱コンダクタンス
G_{RAD}	放射の（等価）熱コンダクタンス
G_{SUP}	支持構造の熱コンダクタンス
G_T	全熱コンダクタンス
G_i	番号 i の画素の感度補正量
I_B	抵抗ボロメータのバイアス電流
I_F	ダイオードの順方向電流
I_S	信号電流
I_{Srms}	信号電流の実効値
$I_e(\lambda, T)$	波長範囲 λ、温度 T における分光放射輝度
$I_e(\lambda_1-\lambda_2, T)$	波長範囲 $\lambda_1-\lambda_2$、温度 T における放射輝度
J_S	ダイオードの逆方向飽和電流
K	ダイオードの特性を表す温度に依存しない定数
L	距離

記　号	内　容
L_{HFOV}	水平視野
L_{IFOV}	瞬時視野
L_{VFOV}	垂直視野
$M_e(\lambda, T)$	波長範囲λ、温度 T における分光放射発散度
N	画素数
$NETD$	雑音等価温度差
$NETD_{BF}$	背景揺らぎ雑音限界雑音等価温度差
$NETD_{TF}$	温度揺らぎ雑音限界雑音等価温度差
O_{CAL}	温度校正におけるシステムのオフセット量
O_i	番号 i の画素のオフセット補正量
$P(T)$	温度 T の放射パワー
P_{COND}	熱伝導により伝達される熱パワー
P_{GAS}	分子流領域の気体の熱伝達パワー
P_N	雑音等価パワー
P_{NTL}	雑音等価パワーの理論限界値
P_{RAD}	赤外線放射により伝達される熱パワー
P_S	強誘電体の自発分極
P_{TOT}	伝達される全パワー
R_B	抵抗ボロメータの抵抗値
R_{B0}	温度 T_0 における抵抗ボロメータの抵抗値
R_{CAL}	温度校正におけるシステムの感度で決まる定数
R_D	サーモパイルの抵抗値
R_{TBB}	黒体温度感度
R_{TM}	温度センサの感度
R_V	電圧感度
R_a	増幅器の入力抵抗値
R_{loss}	強誘電体の損失抵抗値
R_p	並列抵抗値
S/N	信号対雑音比
T	温度
T_0	基準温度
T_1	(高温側) 温度

記　号	内　容
T_2	（低温側）温度
T_C	キュリー温度
T_d	受光部の温度
T_g	気体の温度
T_s	基板を含む検出器周囲の温度
V	電圧
$V_A(P(T))$	温度 T、放射パワー $P(T)$ における平均出力電圧
$V_C(X)$	放射パワー X における補正後の出力電圧
$V_{CAL}(T)$	温度校正する IRFPA の温度 T における出力電圧
V_F	ダイオードの順方向電圧
V_{NF}	強誘電体赤外線検出器の雑音
V_{NFP}	固定パターン雑音（rms 値）
V_{NJ}	ジョンソン雑音（rms 値）
V_{NS}	ショット雑音（rms 値）
V_{NT}	全雑音（rms 値）
V_{NTMP}	テンポラル雑音（rms 値）
V_{Nf}	$1/f$ 雑音（rms 値）
$V_{Np\text{-}p}$	雑音振幅
V_S	信号電圧
V_{Srms}	信号電圧実効値
$V_i(P(T))$	番号 i の画素の温度 T、放射パワー $P(T)$ における出力電圧
$V_i(X)$	番号 i の画素の放射パワー X における出力電圧
Z	熱電材料の性能指標
a	気体による熱伝達における適応係数
c	光速
c_1	第一放射定数
c_2	第二放射定数
d_{gap}	受光部と基板の間の距離
d_l	レンズの口径
h	Planck 定数
i	画素番号
k	Boltzmann 定数

記　号	内　容
l_{fl}	焦点距離
l_p	画素ピッチ
l_{px}	画素アレイの水平方向の大きさ
l_{py}	画素アレイの垂直方向の大きさ
m	サーモパイルのペア数
n	$1/f$ 雑音パラメータ
p	気体の圧力
p_{FE}	強誘電体の電界増倍実効焦電係数
p_{pyro}	強誘電体の焦電係数
q	電子の電荷量
r_a	エアリーディスクの直径
t	時間
$\Delta I_e(\lambda_1-\lambda_2, T)$	波長範囲 λ_1－λ_2、温度 T における 1K 変化に対する放射輝度の変化
$\Delta M_e(\lambda_1-\lambda_2, T)$	波長範囲 λ_1－λ_2、温度 T における 1K 変化に対する放射発散度の変化
ΔP	赤外線放射量の変化
ΔP_0	交流変化する赤外線パワーの振幅
ΔP_d	検出器に入射する赤外線パワーの変化
ΔR_B	抵抗ボロメータの抵抗変化
ΔT	撮像対象の温度変化
ΔT_d	検出器の温度変化
ΔV_S	出力電圧の変化
ΔV_n	黒体温度が背景より低い場合の出力電圧変化
ΔV_p	黒体温度が背景より高い場合の出力電圧変化
Λ_0	気体温度 273.2K での自由分子熱伝導度
α	ゼーベック係数
α_{TCR}	抵抗ボロメータの抵抗温度係数
α_A	導体 A のゼーベック係数
α_B	導体 B のゼーベック係数
β	半導体抵抗ボロメータの特性を表す定数
γ	金属抵抗ボロメータの特性を表す定数
δ	強誘電体の損失角

記　号	内　容
ε	誘電率
$\eta(\lambda)$	波長λにおける吸収率
θ_{HFOV}	水平視野角
θ_{IFOV}	瞬時視野角
θ_{VFOV}	垂直視野角
κ	ダイオードの特性を表す定数
λ	波長
λ_1	下限波長
λ_2	上限波長
ρ_{EA}	導体Aの抵抗率
ρ_{EB}	導体Bの抵抗率
σ_{SB}	Stefan-Boltzmann定数
σ_{TA}	導体Aの熱伝導率
σ_{TB}	導体Bの熱伝導率
τ_E	焦電赤外線検出器の電気時定数
τ_T	熱時定数
ω	角周波数
ω_c	遮断角周波数

第1章

はじめに

赤外線イメージングは、真っ暗闇で室温付近の温度を持った物体を見るツールであり、非接触で温度情報を取得するツールでもある。赤外線イメージングは、パッシブイメージングであり、照明光を必要としない。その有用性は、視覚補助、セキュリティー、監視、救難、消防、交通、工業計測、設備保全など幅広い応用分野で認められている。赤外線イメージングに利用される波長帯は、図 1-1 に示すように、室温付近の温度を持った物体から放射される光量が多く、大気の透過率が高い長波長赤外（long-wavelength infrared: LWIR, 8 ～ 14 μm）と中波長赤外（middle-wavelength infrared: MWIR, 3 ～ 5 μm）の二つの波長帯である。

赤外線イメージングに用いるイメージセンサとしては、量子型赤外線検出器（quantum infrared detector）と熱型赤外線検出器（thermal infrared detector）を用いたものが開発されている。赤外線用のイメージセンサを

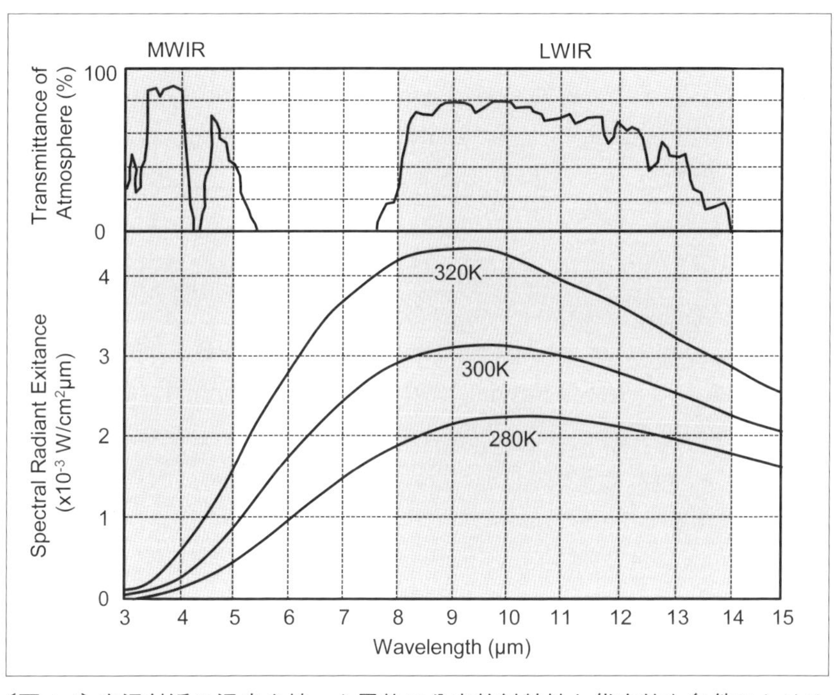

〔図 1-1〕室温付近の温度を持った黒体の分光放射特性と代表的な条件における大気の透過特性

赤外線イメージセンサ（infrared focal plane array: IRFPA）と呼ぶ。感度と応答速度の面では量子型赤外線検出器が優れているが、MEMS（microelectromechanical systems）技術で製造される熱型赤外線検出器を集積したIRFPAの最近の進歩はめざましく、赤外線ビジネスに変革を起こす可能性があるデバイスとして大きな注目を集めている。熱型赤外線検出器を利用したIRFPAは、室温で動作するので、冷却が必要な量子型赤外線検出器を用いたものとの違いを明確にするため、非冷却IRFPA（uncooled IRFPA）と呼ばれる。非冷却IRFPAに関しては、いくつかの書籍が出版されている[1-4]。

本書では、非冷却IRFPAの基礎と最新技術およびその応用例を紹介する。第2章では赤外線検出器の種類と非冷却IRFPA開発の歴史に触れ、第3章では熱型赤外線検出器と非冷却IRFPAの基礎と性能限界を議論する。第4章から第8章では、個々の技術として、強誘電体（ferroelectric）、抵抗ボロメータ（resistance bolometer）、熱電（thermoelectric）、ダイオード（diode）、バイマテリアル（bimaterial）、サーモオプティカル（thermo optical）非冷却IRFPAについて基本技術と最新技術動向を紹介する。また、第9章では、すべての方式に共通な技術であり、非冷却IRFPA生産のコストネックとなっている真空パッケージング技術を取り上げ、最後に第10章で非冷却IRFPAを搭載した赤外線カメラの基本技術と応用に触れる。

本書は、Comprehensive Microsystems Vol. 3（Elsevier B. V., 2008）の中で著者が執筆した「3.04 IR Imaging」の章を出版社の許可を得て翻訳したものに最新の技術動向と、この技術分野を理解するのに必要な基礎的な内容を加えたものである。

第2章

赤外線検出器の分類と非冷却IRFPA開発の推移

2－1　赤外線検出器の分類

赤外線検出器の歴史は、1800 年の Herschel による赤外線の発見[5]から始まった。彼の実験では、赤外線の検出に液体の熱膨張を利用したガラス温度計が使われた。赤外線の発見以来、これまでにいろいろな赤外線検出器が開発されてきた。赤外線検出器は、熱型と量子型の 2 種類に大別され、さらにいろいろな観点で細分化することができる。図 2-1 に IRFPA に用いられる赤外線検出器の分類例を示す。

熱型赤外線検出器は、赤外線を吸収して変化した検出器の温度を計測することで赤外線を検出する。この種の赤外線検出器は、図 2-1 に示すように、使用される温度センサの種類で分類されるのが一般的である。熱型赤外線検出器の温度センサには温度依存性をもつ物理現象であればどのようなものでも利用することができるが、現在使われているのは、焦電検出器（pyroelectric detector）、誘電ボロメータ（dielectric bolometer）（これら 2 種類は強誘電体材料を異なったモードで動作させるもので、図 2-1 では合わせて ferroelectric detector としている）、抵抗ボロメータ

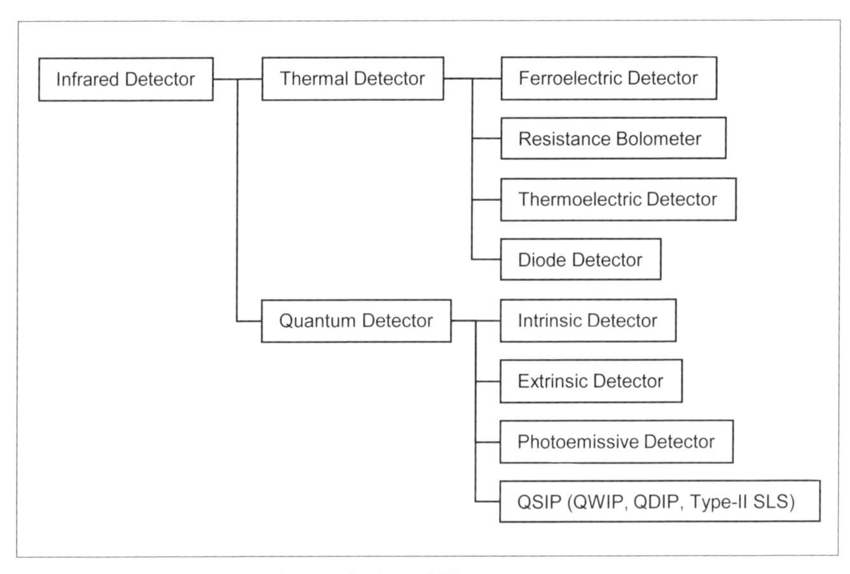

〔図 2-1〕赤外線検出器の分類

(resistance bolometer)、熱電検出器 (thermoelectric detector)、ダイオード検出器 (diode detector) などである。

Herschelの赤外線の発見後、最初に開発された熱型赤外線検出器は熱電温度センサを用いたものであった。熱電温度センサは、二つの異なった導体を電気的に接続したときに現れるSeebeck効果により温度差を検出する[2)]。熱電温度センサは熱電対 (thermocouple) と呼ばれ、赤外線検出器だけではなく、接触型の温度センサにも広く利用されている。赤外線検出器には、熱電対を直列接続して感度を向上したサーモパイル (thermopile) が用いられる。

1881年にLangleyは白金抵抗ボロメータを作製した[4)]。金属は、正の抵抗温度係数 (temperature coefficient of resistance: TCR) を持っていて、温度上昇とともに抵抗が大きくなる。金属の正のTCRは、高温におけるキャリアの散乱確率の増加を反映した特性である。金属と同様に半導体も抵抗ボロメータとして用いることができる。半導体は金属とは異なり、負のTCRを有している。半導体のTCRが負になるのは、半導体の抵抗がキャリア数と移動度で決まるためである。一般的に、半導体抵抗ボロメータのTCRは金属に比べ1桁程度大きいので、ほとんどの非冷却IRFPAには半導体抵抗ボロメータが用いられている。これまでにいろいろな材料の抵抗ボロメータが研究開発されてきた。

焦電検出器と誘電ボロメータは強誘電体材料で作製される。焦電効果は古くから知られていたが、この効果に対する原理的な理解が進んだのは19世紀に入ってからである[4)]。焦電赤外線検出器は、自発分極の温度依存性を利用して温度変化を検出する素子で、この方式の単画素赤外線センサは広く普及している。自発分極の変化は、焦電材料を絶縁体としたコンデンサの充放電電流を計測することで検出される。Hanelは強誘電体材料の誘電率がキュリー温度付近で大きな温度依存性を示すことを見出し、強誘電体材料の誘電率の温度依存性を利用した温度センサである誘電ボロメータを提案した[4)]。

ダイオードの電流—電圧特性の温度依存性は、温度センサに利用できる。ダイオードは、Si LSI (large scale integration) 技術で製造できるので、集積化が容易である。この特徴に注目し、Si ダイオードが非冷却 IRFPA の温度センサに適していると考え、ダイオード非冷却 IRFPA の開発を進めているグループもある[6)]。

熱型赤外線検出器は、室温で動作するという特長があるが、1990 年代前半まで研究開発の中心テーマとなっていたのは、低温で動作する量子型赤外線検出器であった。それは、当時の赤外線撮像装置が単画素検出器を用いた機械走査システムであり、機械走査システムが赤外線検出器に要求する感度と応答速度を熱型赤外線検出器では実現できなかったためである。

量子型赤外線検出器では、入射フォトンは半導体材料中の電子（またはホール）を励起し、エネルギー分布を変化させる。エネルギー分布の変化は、抵抗変化またはエネルギーバリアを超えたキャリアの流れを引き起こし、この変化により赤外線が検出される。量子型赤外線検出器は、原理的に高感度で高速で動作する。

量子型赤外線検出器材料として初期に研究開発された半導体材料は、鉛塩ファミリー（PbS, PbSe, PbTe）であった[7)]。こうした半導体材料は、バンド間遷移を利用した真性（intrinsic）型で、主に単画素光導電素子として用いられてきた。1950 年代には、単結晶 InSb が真性型の量子型赤外線材料に用いられるようになった。InSb は 77 K でバンドギャプエネルギーが 0.23 eV であり、カットオフ波長は 5.5 μm であるので、MWIR 波長域の赤外線検出が可能である。1960 年代に入ると、InSb の結晶品質が改善され、InSb 赤外線検出器の性能向上に寄与した。

真性赤外線検出器用の半導体材料として最も重要な材料は HgCdTe で、1959 年に Lawson 等が赤外線検出への応用を提案している[8)]。この材料のバンドギャップエネルギーは組成を変えることで調整することができ、HgCdTe を使って波長 2 μm から 14 μm（最近ではさらに長波長まで拡大）までの任意のカットオフ波長（cutoff wavelength）を持った検出器を作成することができる。1970 年代後半から 1980 年代にかけて、大フォーマットの IRFPA を実現するために、消費電力が小さく、信号読出回路（readout integrated circuit: ROIC）と高注入効率で接続ができる高インピーダンスのHgCdTe光起電力型（photovoltaic）検出器の開発が盛んに行われた。

Siや Geの不純物準位からの電子（またはホール）の励起で赤外線を検出する外因性（extrinsic）光導電赤外線検出器は、非常に長波長まで感度を持った量子型赤外線検出器である。加圧されたGaドープGe外因性光導電素子は、波長200 μmまで感度を持つと報告されている[7]。1950年代初期には、HgをドープしたGe外因性リニア検出器アレイを用いたLWIR波長域用赤外線撮像装置が開発されている[7]。外因性Si赤外線検出器の製造プロセスは、Si LSI製造技術と両立性があり、高集積化できるが、動作温度が低いため応用分野は天文観測などに限られているのが現状である。

Nobleは、1968年にMOS（metal oxide semiconductor）X-Yイメージングアレイを提案し[9]、1970年にはBoyleとSmithがCCD（charge-coupled device）を発明した[10]。これらの発明は、可視光域と同様に赤外線領域でも２次元の凝視型イメージセンサの開発に繋がった。HgCdTe光起電力型検出器を用いた２次元凝視型IRFPAは、防衛用赤外線撮像システムなどに用いられた。

凝視型イメージセンサでは長時間の信号電荷の蓄積ができるようになり、赤外線検出器に対する感度と応答速度の要求は緩和され、高集積化と高均一性の実現が重要な課題となった。地上における赤外線撮像は高背景撮像になるので、２次元IRFPAの開発が始まった当初は、赤外線撮像装置の重要な性能指標である雑音等価温度差（noise equivalent temperature difference: NETD）がIRFPAの不均一性で決まっていた。

こうした状況変化により、量子効率（quantum efficiency）は低いが高い均一性が期待できるSi光電子放出検出器（photoemissive detector）にも注目が集まるようになった。ショットキバリア（Schottky-barrier）とヘテロ接合構造の光電子放出型検出器は、キャリアのエネルギーをポテンシャルバリアで分離することで赤外線を検出している。PtSiショットキバリアIRFPAは、Si LSI両立性プロセスで製造できるモノリシック構造のデバイスである。PtSiショットキバリアIRFPAは、1980年代初期から10年以上の間、IRFPAの中で最も高い集積度を維持した。最初のテレビ解像度を持ったIRFPA[11]と最初のメガピクセルIRFPA[12]は、いずれもPtSiショットキバリア技術で実現されている。

量子構造赤外線検出器（quantum structure infrared photodetector: QSIP）は、量子型の中では比較的新しいもので、QWIP（quantum well infrared photodetector）[7]、QDIP（quantum dot infrared photodetector）[13]、Type-II SLS（Type-II strained layer superlattice）[7]などが含まれている。QWIPの光検出メカニズムは、量子井戸内のバンド内遷移に基づいている。GaAsベースのQWIPは、化合物半導体のなかでは最も完成度の高いプロセス技術が利用できたので、1990年代に顕著な進歩が見られた。HgCdTeに比べ、QWIPは量子効率と動作温度が低いが、高集積化や多波長化という観点で優位性がある。QDIPは、QWIPの1次元キャリア閉じ込めを3次元閉じ込めにすることで、垂直入射を可能にしたもので、QWIPより高い動作温度と量子効率の実現ができると期待されている。Type-II超格子は、超格子で形成されるエネルギーバンド間遷移で赤外線を検出する検出器で、動作温度と量子効率の面でHgCdTeに競合できる唯一の技術と考えられており、開発が活発になってきている。

表2-1に赤外線検出器の比較をまとめた。

〔表2-1〕赤外線検出器の特徴

Type		Operation Principle	Sensitivity/ Response Time	Spectral Response	FPA Structure	Typical Materials
Thermal (Uncooled))	Ferroelectric Detector	Temperature dependence of spontaneous polarization (Pyroelectric)	Low/Slow	Depending on absorber	Hybrid	BST, PST, PZT, PVDF
		Temperature dependence of dielectric constant (Dielectric Bolometer)				
	Resistance Bolometer	Temperature dependence of resistance			Monolithic	VOx, a-Si
	Thermoelectric Detector	Seebeck effect				poly-Si
	Diode Detector	Temperature dependence of I-V characteristic				Si
Quantum (Cooled))	Intrinsic Detector	Interband transition	High/Fast	Determined by bandgap energy	Hybrid	HgCdTe, InSb
	Extrinsic Detector	Excitation from impurity level		Determined by impurity level		Si:In, Si:Ga, Ge:Cu, Ge:Hg
	Photoemissive Detector	Emission over Schottky-barrier or hetero junction	Med/Fast	Determined by barrier height	Monolithic	PtSi/p-Si, GeSi/p-Si
	QSIP (QWIP, QDIP, Type-II SLS)	Intraband or interband transition in superlattice structure		Tunable by design	Hybrid	GaAs/AlGaAs, AlGaAs/InAs. InAs/GaSb

2－2　非冷却 IRFPA 開発の推移

第1章で述べたように、熱型赤外線検出器を集積したIRFPAを非冷却IRFPAと呼ぶ。これに対し、量子型IRFPAを冷却IRFPAと呼ぶこともある。1990年代初頭まではIRFPAは量子型を意味していたので、冷却IRFPAという用語はほとんど用いられなかった。1992年にBST (barium strontium titanate) 強誘電体非冷却IRFPA[14]とVOx (vanadium oxide) 抵抗ボロメータ非冷却IRFPA[15]が発表され、非冷却IRFPAに注目が集まるようになり、熱型検出器を用いたIRFPAと量子型を用いたものを区別するために"非冷却"と"冷却"という用語が用いられるようになった。

BST強誘電体非冷却IRFPA[14]は、検出器チップとSi ROICチップを金属バンプで画素毎に接続したハイブリッド構造のデバイスである。この非冷却IRFPAは1990年代に自動車用視覚補助装置に採用されるなど、非冷却赤外線カメラの商業化に重要な役割を果たした。一方、抵抗ボロメータ非冷却IRFPA[15]は、1980年代後半に急速に進歩したMEMS技術で製造するモノリシック構造のデバイスである。抵抗ボロメータ非冷却IRFPAの画素は、薄膜温度センサを形成した受光部がROICの上に基板と離れて保持されている。受光部を支える支持構造はSi LSIと同じ製造技術で作製することができるので、受光部と基板の間の熱コンダクタンス (thermal conductance) を非常に小さくすることができる。非冷却IRFPAでは、熱コンダクタンスを低減することで高い感度を得ることができるので、抵抗ボロメータ非冷却IRFPAでは、ハイブリッド構造の強誘電体非冷却IRFPAに比べ高い性能を実現することができた。

図2-2にMEMS技術の基本プロセスであるバルクマイクロマシニング (bulk micromachining) と表面マイクロマシニング (surface micromachining) で作製された構造例を示す。VOx抵抗ボロメータ非冷却IRFPA[15]は、表面マイクロマシニングプロセスで作製された。MEMS技術は抵抗ボロメータ非冷却IRFPAの開発の歴史の中で非常に重要な役割を果たしてきた。MEMS技術の高度化により小さな画素ピッチに適した複雑な画素構造[16, 17]を作製することができるようになり、抵抗ボ

ロメータ非冷却IRFPAは今日も進化を続けている。MEMS技術は、非冷却IRFPAの大量生産と製造コスト低減も可能にし、赤外線イメージングの応用分野の拡大にも寄与してきた。

非冷却IRFPAは、デジタルマイクロミラーデバイス（digital micromirror device: DMD）と並んで、最も成功した集積化MEMSデバイスの一つである。DMDは、双安定状態を持った稼働ミラーとその稼働ミラーの状態を制御するスタティックランダムアクセスメモリーセルを集積化したデジタルデバイスである。一方、非冷却IRFPAは、信号読出回路と赤外線検出器画素アレイが一つのチップ上に形成され、赤外線吸収によって変化する画素内の温度センサの出力を扱うアナログ集積化MEMSデバイスである。このような集積化MEMSデバイスの製造では、MEMSプロセスとSi LSIプロセスとの両立性が重要である。

MEMS非冷却IRFPAとしては、抵抗ボロメータ方式に続きダイオード方式のデバイスが開発された[6]。強誘電体非冷却IRFPAでも、MEMS技術によるモノリシック構造で、より高い性能を実現しようという試みがあったが、抵抗ボロメータ非冷却IRFPAに匹敵する性能を実現することができず、開発は中断されている。抵抗ボロメータ方式とダイオー

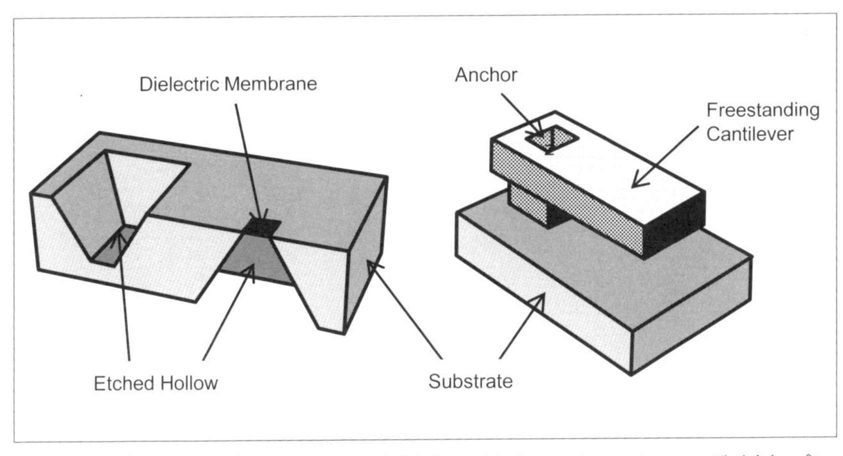

〔図2-2〕バルクマイクロマシニング（左）と表面マイクロマシニング（右）プロセスで作製された構造例

ド方式の非冷却IRFPAでは、熱コンダクタンスを低減することで、図2-3のような画素ピッチ（pixel pitch）縮小が実現されている。

1992年に発表された抵抗ボロメータ非冷却IRFPAの画素ピッチは50 μmであった[15]。画素ピッチは、2001年には25 μm[17-21]に、2007年には17 μm[22-24]に、2013年には12 μm[25-27]に縮小されており、最近、画素ピッチ10 μmの技術[28]も発表されている。また、ダイオード非冷却IRFPAの画素ピッチも1999年の40 μm[6]から、2004年には25 μm[16]、2012年には15 μm[29]に縮小されている。図2-3の中には2本の破線を示したが、下の破線は画素ピッチ縮小の最前線を示している。図示したように、上の破線より右上に入るデバイスがほとんどないことから、画素ピッチの世代交代は15年程度で完了していることがわかる。

図2-4に非冷却IRFPAの解像度（resolution）の推移を示す。1992年に発表された抵抗ボロメータ非冷却IRFPAの画素数（pixel numberまたはarray format）は、320×240画素（quarter video graphics array: QVGA）で

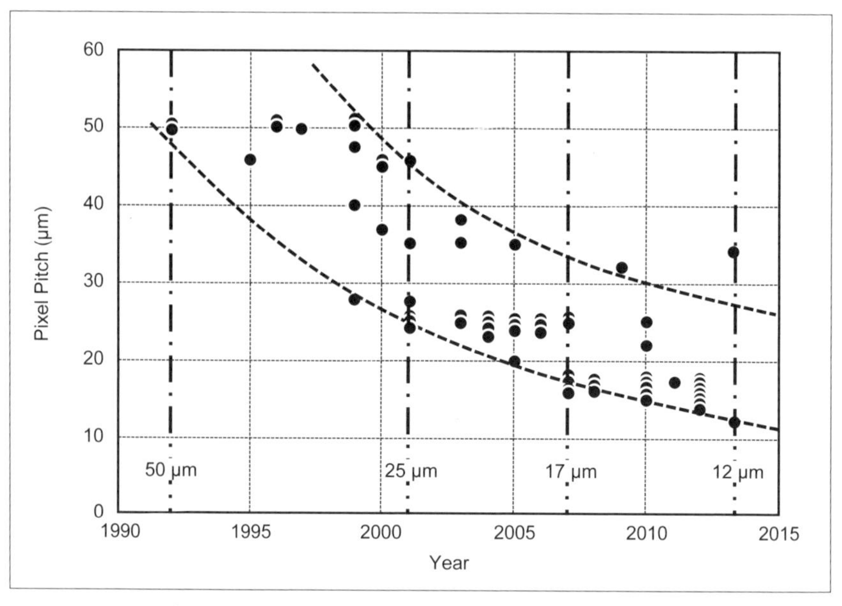

〔図2-3〕非冷却IRFPAの画素ピッチ縮小の推移

あったが[15]、画素ピッチの縮小に伴い高解像度化が可能になり、1999年には640×480画素（video graphics array:VGA）の非冷却IRFPAが開発され[17,30]、2007年には1024×768画素（extended graphics array: XGA）の素子[31]が発表されている。最近では、解像度はメガピクセルの領域に入っており、1920×1080画素（high definition:HD）の高解像度の非冷却IRFPAも開発されている[32,33]。

ダイオード非冷却IRFPAでも1999年に発表された最初の素子の画素数は320×240画素であったが、2005年にはVGA[34]、2012年には2000×1000画素[29]まで高解像度化が図られている。図2-5と図2-6に2000×1000画素ダイオード非冷却IRFPAの素子と撮像例の写真を示す。

図2-4から、高解像度化の進展と並行して、低解像度の非冷却IRFPAの開発も進められていることわかる。こうした低解像度素子は、ローエンド分野における新規ビジネスを開拓するために開発されたものであ

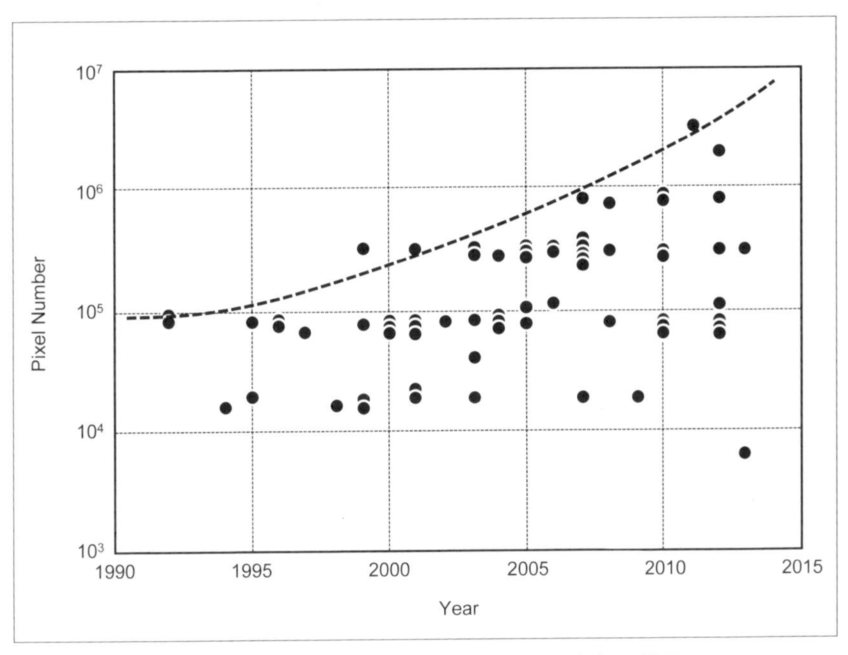

〔図2-4〕非冷却IRFPAの解像度（画素数）の推移

る。代表的な例としては、80×60 画素[35]、80×80 画素[36]、160×120 画素[35]、206×156 画素[37]の抵抗ボロメータ非冷却 IRFPA がある。

図 2-7 に示す小型の赤外線カメラコア（camera core）[35]はこうした低解像度の非冷却 IRFPA を使った製品の例である。この赤外線カメラコアのサイズと質量は、それぞれ 8.5×8.5×5.9 mm^3 と 0.5 g である。この赤

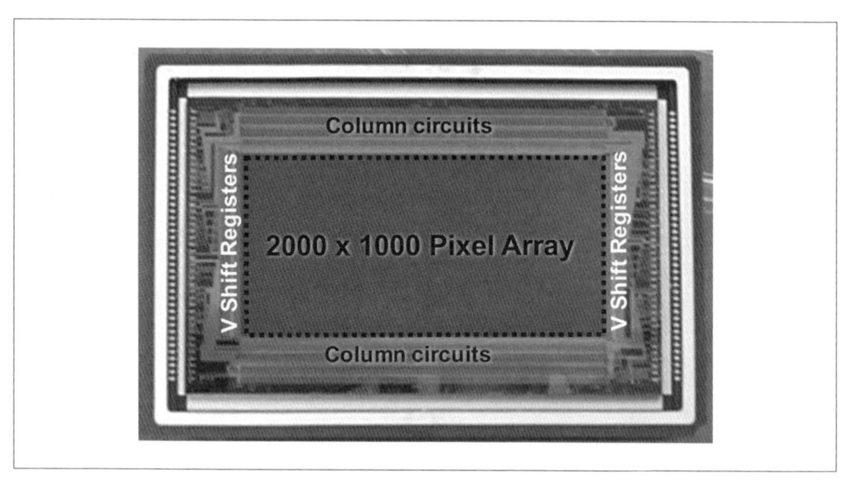

〔図 2-5〕200 万画素ダイオード非冷却 IRFPA

〔図 2-6〕200 万画素ダイオード非冷却 IRFPA による撮像例

外線カメラコアラには、2枚のSiレンズと14 bitのA/D (analog-to-digital) 変換器を含んだ信号処理用LSIが集積化される。カメラコアは半製品として販売され、ユーザがシステムに組み込む。信号処理用LSIには赤外線イメージングで必須となる補正機能が実装されており、ユーザは赤外線カメラに関するノウハウを保有していなくても赤外線カメラを搭載したシステムを構築することができる。

熱電検出器を用いたサーモパイル非冷却IRFPAは、抵抗ボロメータやダイオード検出器を用いたものに比べ本質的に感度が低く、わずかな温度変化を画像として捉える赤外線イメージング用途に適用することは難しい。しかし、製造が容易で、素子の温度制御が不要であるので、2010年前後から家電製品などへの搭載を目的として小規模なアレイの開発が進められている[38-46]。熱電検出器を用いたものは非イメージング応用に用いるものが多いが、本書ではイメージングに用いるデバイスと同じようにIRFPAとして扱う。サーモパイル非冷却IRFPAはすでにエアコン[47,48]、電子レンジ[49]、照明[50]の制御に活用されている。

〔図2-7〕低解像度の非冷却IRFPAを使った小型の赤外線カメラコア

図2-1に示した温度センシング以外の手法を用いた非冷却IRFPAも開発されている。異種材料の熱膨張係数（thermal expansion coefficient）の差で生じる機械的変形を利用するバイマテリアル非冷却IRFPA[51)]と薄膜ファブリペロ干渉フィルタの透過特性の温度依存性を利用して温度センシングを行うサーモオプティカル非冷却IRFPA[52)]は、そうした非冷却IRFPAの代表例で、主流である抵抗ボロメータ非冷却IRFPAの置き換えを狙って考案されたものであったが、未だ抵抗ボロメータの地位を脅かす存在には至っていない。

第3章

非冷却IRFPAの基礎

3－1　熱型赤外線検出器の動作

非冷却 IRFPA には熱型検出器が用いられる。図 3-1 に熱型赤外線検出器の一般的な構造を示す。この構造では、温度センサ（thermometer）が支持構造（support structure）を通して基板（substrate）と結合している。温度センサの中には、電気的接続を必要としない光学的信号読出方式もあるが、ここでは電気的に信号を読み出すものに限定して説明する。入射した赤外線は、温度センサが取り付けられた赤外線吸収層（infrared absorber）で吸収され、温度を変化させる。支持構造は、機械的に受光部（赤外線吸収層と温度センサが一体になった構造）を支える役割、熱伝導経路としての役割、電気配線経路としての役割という 3 つの役割を果たしている。支持構造の熱コンダクタンスが十分小さければ、赤外線吸収層が入射赤外線（infrared ray）を吸収すると温度センサに出力変動が生じ、この出力変動が支持構造内の電気配線を通して基板上に形成された読出回路（readout circuit）で増幅されて外部に出力される。

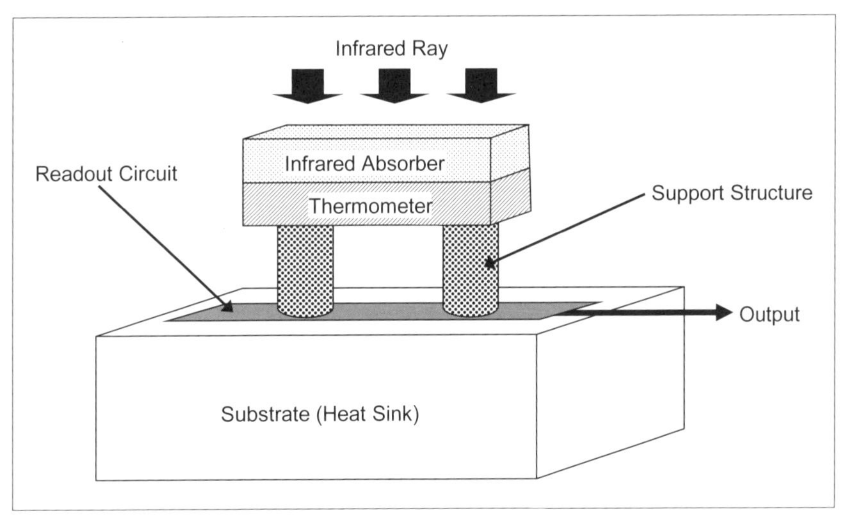

〔図 3-1〕熱型赤外線検出器の基本構造

3－2　非冷却 IRFPA の構成と動作

非冷却 IRFPA は、熱型赤外線検出器を 2 次元配列し、電子走査により信号を読み出す画像デバイスである。図 3-2 に非冷却 IRFPA の例として抵抗ボロメータ IRFPA の構成を示す。画素（pixel）内には画素選択用スイッチである MOS トランジスタ（switch）が含まれている。このスイッチの ON/OFF は周辺回路（peripheral circuits）の一つである行走査回路（row scanner）からのクロックで制御される。選択されスイッチが ON となった画素のボロメータ（bolometer）は信号線（singal line）につながり、画素アレイ（pixel array）外部に設けた定電流源（図示していない）と接続され電流が流れる。その結果、信号線の電圧がボロメータの抵抗変化にしたがって変化する。電源を定電圧源とし、ボロメータを流れる電流

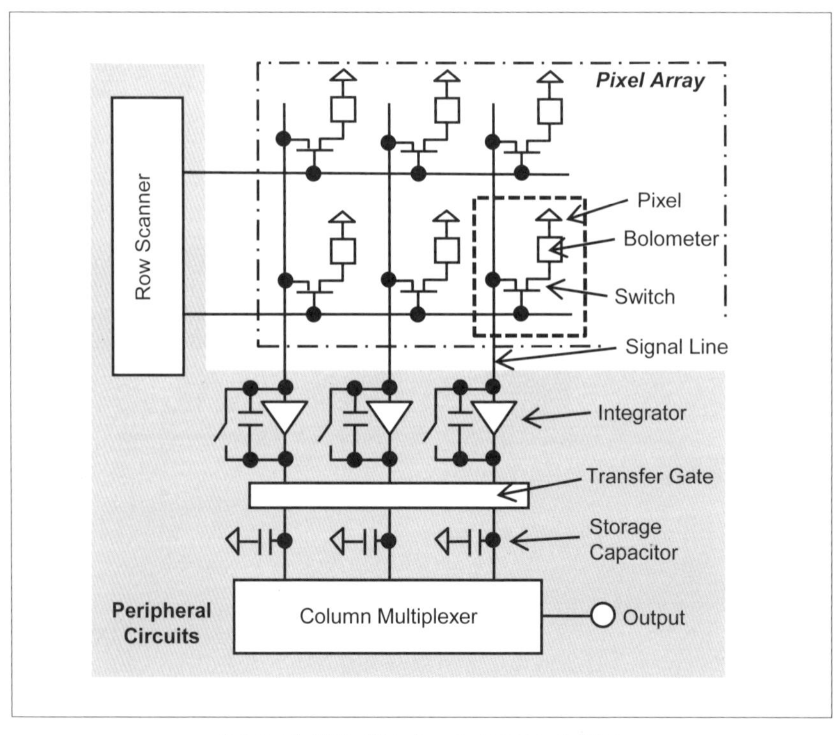

〔図 3-2〕抵抗ボロメータ IRFPA の構成

または直列に接続した負荷抵抗両端の電圧を信号とする場合もある。信号線に現れた信号電圧は、各列に設けられた積分器（integrator）で積分される。積分動作は、信号を増幅するだけでなく、周波数帯域を制限することによる雑音抑制の機能も果たしている。積分時間が長いほどS/N比が改善されるが、図3-2の構成では、最長の積分時間は1水平期間、すなわち、1フレーム期間を画素アレイの行数で割った時間となる。積分された信号は、積分動作終了後、転送ゲート（transfer gate）を開いてサンプル／ホールド用の容量（storage capacitor）に転送され、続く水平期間に列マルチプレクサ（column multiplexer）を駆動して順次読み出される。非冷却IRFPAの信号読出回路としては他にも色々な構成が考えられるが、現在製造されている非冷却IRFPAの基本構成は図3-2と同じである。

3－3　赤外線イメージング

図3-3に赤外線イメージングの概念を示す。非冷却IRFPAはレンズ（lens）を通して撮像対象（scene）を観測する。図でd_lはレンズの口径、l_{fl}は焦点距離、Lは撮像対象までの距離である。IRFPAの画素アレイ全体で観測することができる観測対象領域の大きさを視野、対応する角度を視野角（field of view: FOV）と呼ぶ。また、1画素が観測している観測対象領域の大きさ（scene segment for pixel）を瞬時視野、対応する角度を瞬時視野角（instantaneous field of view: IFOV）と呼ぶ。

IRFPAの水平方向と垂直方向の画素アレイ全体の大きさをそれぞれl_{px}とl_{py}とすると、水平視野角θ_{HFOV}と垂直視野角θ_{VFOV}は、

$$\theta_{HFOV} = 2\times\tan^{-1}\left(\frac{l_{px}}{2\cdot l_{fl}}\right) \quad \cdots\cdots (3\text{-}1)$$

$$\theta_{VFOV} = 2\times\tan^{-1}\left(\frac{l_{py}}{2\cdot l_{fl}}\right) \quad \cdots\cdots (3\text{-}2)$$

で与えられ、距離Lにある観測対象の水平視野L_{HFOV}と垂直視野L_{VFOV}は、

$$L_{HFOV} = 2\cdot L\cdot\tan\left(\frac{\theta_{HFOV}}{2}\right) = \frac{l_{px}\cdot L}{l_{fl}} \quad \cdots\cdots (3\text{-}3)$$

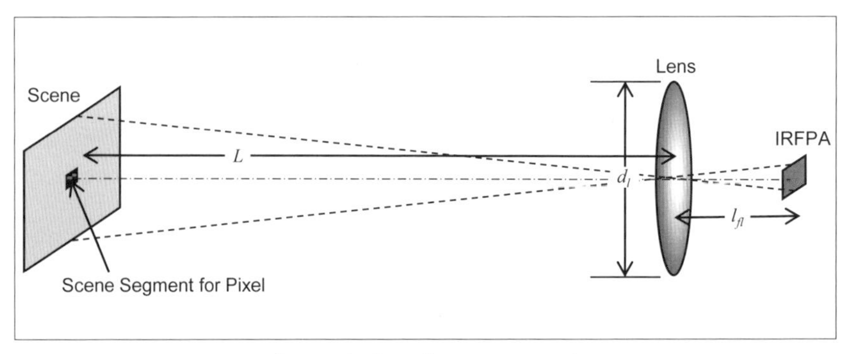

〔図3-3〕赤外線イメージング

$$L_{VFOV} = 2 \cdot L \cdot \tan(\frac{\theta_{VFOV}}{2}) = \frac{l_{py} \cdot L}{l_{fl}} \quad \cdots\cdots (3\text{-}4)$$

となる。

画素は通常正方形であるので、画素ピッチを l_p とすると、瞬時視野角 θ_{IFOV} と瞬時視野 L_{IFOV} は、

$$\theta_{IFOV} = 2 \times \tan^{-1}(\frac{l_p}{2 \cdot l_{fl}}) \quad \cdots\cdots (3\text{-}5)$$

$$L_{IFOV} = 2 \cdot L \cdot \tan(\frac{\theta_{IFOV}}{2}) = \frac{l_p \cdot L}{l_{fl}} \quad \cdots\cdots (3\text{-}6)$$

となる。

赤外線イメージングでは、撮像対象の温度分布を画像として検出する。赤外線イメージングにおける変換過程には、撮像対象の温度変化が赤外線放射量の変化に変換される過程、撮像対象の赤外線放射量の変化が光学系を通して IRFPA 画素の赤外線吸収量の変化に変換される過程、吸収した赤外線エネルギーが IRFPA 画素の温度変化に変換される過程、検出器の温度変化が温度センサの電気信号として出力される過程が含まれる。ここでは、撮像対象の温度変化が IRFPA 画素に入射する赤外線パワーに変換されるまでの過程を考える。

温度 T（絶対温度）の黒体の分光放射発散度（spectral radiant exitance）は、Planck の放射則に従い、

$$M_e(\lambda, T) = \frac{2 \cdot \pi \cdot h \cdot c^2}{\lambda^5} \frac{1}{\exp(\frac{h \cdot c}{\lambda \cdot k \cdot T}) - 1} \quad \cdots\cdots (3\text{-}7)$$

で与えられる [53]。ここで、λ は波長、h は Planck 定数（6.626×10^{-34} J·s）、k は Boltzmann 定数（1.381×10^{-23} J/K）、c は光速（2.998×10^{8} m/s）である。以下、Planck の放射則の式（3-7）は、二つの放射定数を使った

$$M_e(\lambda,T)=\frac{c_1}{\lambda^5}\frac{1}{\exp(\frac{c_2}{\lambda\cdot T})-1} \quad \cdots\cdots\cdots\cdots \quad (3\text{-}8)$$

という式を用いて議論を進める。ここで、c_1 は第一放射定数（3.742×10^8 W μm^4/m^2）、c_2 は第二放射定数（1.438×10^4 μm·K）である[53]。これらの放射定数を用いた場合に得られる分光放射発散度の単位は W/m^2·μm である。

分光放射輝度（spectral radiance）$I_e(\lambda, T)$ が放射方向に依存しない場合は、

$$I_e(\lambda,T)=\frac{M_e(\lambda,T)}{\pi}=\frac{c_1}{\pi\cdot\lambda^5}\cdot\frac{1}{\exp(\frac{c_2}{\lambda\cdot T})-1} \quad \cdots\cdots\cdots \quad (3\text{-}9)$$

となる。前出の放射定数を用いた場合に得られる分光放射輝度の単位は W/m^2·μm·sr である。

赤外線イメージングに使用する波長帯を λ_1 から λ_2 までとすると、温度 T における放射輝度（radiance）$I_e(\lambda_1-\lambda_2, T)$ は、

$$I_e(\lambda_1-\lambda_2,T)=\int_{\lambda_1}^{\lambda_2}\frac{M_e(\lambda,T)}{\pi}d\lambda=\int_{\lambda_1}^{\lambda_2}\frac{c_1}{\pi\cdot\lambda^5}\cdot\frac{1}{\exp(\frac{c_2}{\lambda\cdot T})-1}d\lambda \quad (3\text{-}10)$$

である。

したがって、対象の温度が ΔT だけ変化したとき、撮像対象の放射輝度の変化 $\Delta I_e(\lambda_1-\lambda_2, T)$ は、

$$\Delta I_e(\lambda_1-\lambda_2,T)=\frac{\partial I_e(\lambda_1-\lambda_2,T)}{\partial T}\cdot\Delta T=\frac{\Delta T}{\pi}\cdot\frac{\partial M_e(\lambda_1-\lambda_2,T)}{\partial T} \quad (3\text{-}11)$$

で与えられる。ここで、$M_e(\lambda_1-\lambda_2, T)$ は波長帯を λ_1 から λ_2 までとした場合の放射発散度（radiant exitance）で、

$$M_e(\lambda_1-\lambda_2,T)=\int_{\lambda_1}^{\lambda_2}M_e(\lambda,T)\,d\lambda=\int_{\lambda_1}^{\lambda_2}\frac{c_1}{\lambda^5}\cdot\frac{1}{\exp(\frac{c_2}{\lambda\cdot T})-1}d\lambda \quad (3\text{-}12)$$

である。式 (3.11) と同様に、対象の温度が ΔT だけ変化したとき、撮像対象の放射発散度の変化 $\Delta M_e(\lambda_1-\lambda_2, T)$ を

$$\Delta M_e(\lambda_1-\lambda_2,T)=\frac{\partial M_e(\lambda_1-\lambda_2,T)}{\partial T}\cdot\Delta T \quad \cdots\cdots\cdots\cdots\cdots\cdots\cdots (3\text{-}13)$$

とする。

図 3-3 に示す系で、大気とレンズの透過率を 1 とし、瞬時視野に相当する領域から放射された赤外線のうちレンズの面積で受光されたものが対応する画素に到達すると考えると、画素部分に到達する赤外線パワーの変化 ΔP_d は、

$$\Delta P_d=\Delta I_e(\lambda_1-\lambda_2,T)\cdot L_{IFOV}{}^2\cdot\frac{\pi\cdot(d_l/2)^2}{L^2} \quad \cdots\cdots\cdots\cdots\cdots\cdots\cdots (3\text{-}14)$$

となる。レンズの F 値を F とすると、

$$\frac{L_{IFOV}}{L}=\frac{l_p}{l_{fl}} \quad \cdots\cdots\cdots\cdots\cdots\cdots\cdots\cdots\cdots\cdots\cdots\cdots\cdots\cdots\cdots\cdots (3\text{-}15)$$

$$F=\frac{l_{fl}}{d_l} \quad \cdots\cdots\cdots\cdots\cdots\cdots\cdots\cdots\cdots\cdots\cdots\cdots\cdots\cdots\cdots\cdots\cdots (3\text{-}16)$$

であるので、式 (3-13) は

$$\Delta P_d=\Delta M_e(\lambda_1-\lambda_2,T)\cdot\frac{A_d}{4\cdot F^2}=\frac{\partial M_e(\lambda_1-\lambda_2,T)}{\partial T}\cdot\Delta T\cdot\frac{A_d}{4\cdot F^2} \quad (3\text{-}17)$$

と変形することができ、撮像対象の温度変化 ΔT から IRFPA 画素に入射する赤外線パワー ΔP_d への変換への過程を表す関係式が得られる。

ここで、A_d は検出器面積であり、画素ピッチ l_p の二乗に等しい。
　8 から 14 μm の波長範囲を考えると、

$$M_e(8-14\ \mu\text{m}, 300\ \text{K}) = 1.72 \times 10^2\ [\text{W/m}^2] \quad \cdots\cdots\cdots\cdots \quad (3\text{-}18)$$

$$\frac{\partial M_e(8-14\ \mu\text{m}, 300\ \text{K})}{\partial T} = 2.62\ [\text{W/m}^2\ \text{K}] \quad \cdots\cdots\cdots\cdots \quad (3\text{-}19)$$

である[54]。

３－４　IRFPA の性能指標

非冷却 IRFPA（赤外線検出器）の電圧感度（voltage resopnsivity）R_V は、1 画素に入射する赤外線パワーの変化を ΔP_d、出力電圧の変化を ΔV_S として、

$$R_V = \frac{\Delta V_S}{\Delta P_d} \quad \cdots\cdots (3\text{-}20)$$

で定義される。式（3-20）で定義された感度の単位は V/W である。出力が電流変化として得られる場合は電流感度（current responsivity）を定義することができ、単位は A/W となる。

一般的に感度は波長依存性を持つので、波長 λ における分光感度（spectral responsivity）$R_V(\lambda)$ を定義することができる。赤外線イメージングにおいて波長帯を λ_1 から λ_2 までの赤外線を受光すると考えると、

$$\Delta V_S = \int_{\lambda_1}^{\lambda_2} R_V(\lambda) \cdot \Delta P_d(\lambda)\, d\lambda \quad \cdots\cdots (3\text{-}21)$$

となる。ここで、$\Delta P_d(\lambda)$ は検出器の入射する分光赤外線パワーである。

光源が黒体の場合は、ΔP_d は式（3-17）で与えられる。λ_1 から λ_2 までの波長帯で非冷却 IRFPA の感度が一定値 R_V で、画素が対象とする波長範囲の赤外線を 100% 吸収すると考えると、黒体温度感度 R_{TBB} は、

$$R_{TBB} = \frac{\Delta V_S}{\Delta T} = R_V \cdot \frac{A_d}{4 \cdot F^2} \cdot \frac{\partial M_e(\lambda_1 - \lambda_2, T)}{\partial T} \quad \cdots\cdots (3\text{-}22)$$

となる。R_{TBB} は、撮像対象の温度が 1 K 変化したとき得られる IRFPA の出力変化で、単位は V/K である。黒体温度感度を示す式（3-22）には光学系の F 値が含まれており、R_{TBB} は非冷却 IRFPA のみで決まるものはなく、光学系を持った撮像モジュールや撮像システムとして評価するものである。

撮像システムの有用な性能指標として NETD がある。雑音等価温度差 $NETD$ は、

$$NETD = \frac{V_{NT}}{R_{TBB}} \quad \cdots\cdots (3\text{-}23)$$

で定義され、式 (3-22) を式 (3-23) に代入すると、

$$NETD = \frac{4 \cdot F^2 \cdot V_{NT}}{R_V \cdot A_d \cdot \dfrac{\partial M_e(\lambda_1 - \lambda_2, T)}{\partial T}} \quad \cdots\cdots (3\text{-}24)$$

が得られる。ここで、V_{NT} は全雑音電圧（雑音の大きさは rms（root mean square）で表した値）である。全雑音電圧には、テンポラル雑音（temporal noise）と固定パターン雑音（fixed pattern noise: FPN）が含まれる。それぞれが無相関のいくつかの雑音成分が存在する場合、V_{NT} は、それぞれの雑音成分の二乗和の平方根となる。NETD は、全雑音と同じ大きさの信号変化をもたらす撮像対象（黒体）の温度変化であり、$S/N=1$ で検出される温度差を示している。したがって、NETD が小さいほど高性能な IRFPA ということになる。

図 3-4 に NETD の測定方法の例を示す。図は、赤外線カメラで像の大

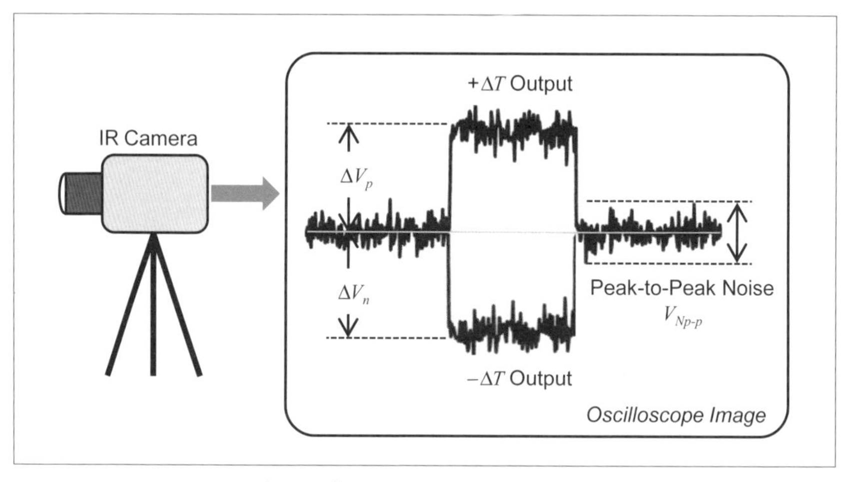

〔図 3-4〕NETD の測定方法の例

きさが画素ピッチに比べ十分大きな差温度黒体炉を撮像し、オシロスコープで信号を観測している状況を示している。差温度黒体炉の中央部の温度が周囲より ΔT だけ高い場合の出力を $+\Delta T$ Output、ΔT だけ低い場合の出力を $-\Delta T$ Output、それぞれの出力の平均変化分（絶対値）を ΔV_p と ΔV_n としている。撮像対象の温度が均一な部分での出力の変動が雑音であり、観測された雑音の振幅を V_{Np-p} とすると、NETD は、

$$NETD = \frac{V_{Np-p}/6}{(\Delta V_p + \Delta V_n)/(2 \cdot \Delta T)} \quad \cdots\cdots (3\text{-}25)$$

を計算することで求めることができる。

赤外線検出器では検出可能な最小入射パワーを性能指標とすることもある。この性能指標は雑音等価パワー（noise equivalent power: NEP）と呼ばれる。NEP P_N は、

$$P_N = \frac{V_{NT}}{R_V} \quad \cdots\cdots (3\text{-}26)$$

で与えられる[53]。NEP は、全雑音と同じ大きさの出力を発生させる赤外線入射パワーである。NEP の小さい検出器ほど高感度になるが、高い性能を持った検出器ほど大きな値となるような性能指標のほうが便利であるので、NEP の代わりに検出能（detectivity）D がしばしば用いられる[53]。検出能は、NEP の逆数であり、

$$D = \frac{1}{P_N} \quad \cdots\cdots (3\text{-}27)$$

である。

雑音等価パワーと検出能は、特定の検出器の性能を比較するには有用な性能指標であるが、検出器の面積 A_d と信号周波数帯域 B に依存するので、検出メカニズムや材料を比較する場合は、さらに工夫した性能指標が必要となる。雑音を白色雑音（雑音パワーが周波数に依存しない）と仮定すると、雑音は雑音帯域の平方根に比例する。また、一般的に検出

能と検出器面積の平方根は反比例の関係がある。この二つの条件を考慮して性能指標として比検出能（specific detectivity, D*）D^*が導入された[53)]。

$$D^* = \frac{(A_d \cdot B)^{1/2} \cdot R_V}{V_{NT}} = \frac{(A_d \cdot B)^{1/2}}{P_N} \quad \cdots\cdots (3\text{-}28)$$

比検出能は検出器面積1 m²、信号帯域1 Hzの場合の検出能で、単位は m·Hz$^{1/2}$/Wである。赤外線検出器の感度には波長依存性がある。また、黒体を光源とした感度測定では、感度は黒体温度に依存性する。したがって、比検出能を示す場合、波長または黒体温度を明示する必要がある。

赤外線検出器は、入射した赤外線エネルギーを温度に変換し、さらに電気信号に変換するので、感度Rは、

$$R = \frac{\Delta T_d}{\Delta P_d} \cdot \frac{\Delta V_S}{\Delta T_d} \quad \cdots\cdots (3\text{-}29)$$

と分解することができる。ここで、ΔT_dは入射赤外線パワーの変化ΔP_dによって起こる画素の温度変化である。この式の右辺の$\Delta T_d / \Delta P_d$は、画素の熱設計で決まる値で、$\Delta V_S / \Delta T_d$は温度センサの感度である。

同様に黒体温度感度は、式（3-29）に右辺の撮像対象の温度変化ΔTから赤外線放射量の変化ΔPへの変換と、ΔPからIRFPA画素の赤外線吸収量の変化ΔP_dへの変換を考慮して、

$$R_{TBB} = \frac{\Delta P}{\Delta T} \cdot \frac{\Delta P_d}{\Delta P} \cdot \frac{\Delta T_d}{\Delta P_d} \cdot \frac{\Delta V_S}{\Delta T_d} \quad \cdots\cdots (3\text{-}30)$$

と分解できる。式（3-30）の第1項はプランクの放射則で決まる項、第2項は光学系で決まる項である。

3－5　非冷却 IRFPA の設計

3－5－1　感度決定要因

前節の式（3-30）から熱型赤外線検出器と非冷却 IRFPA の性能を決める要因のうち検出器の設計に関わる要素が３つあることがわかる。

第１の要因は、式（3-30）の右辺第４項の温度センサの性能である。感度だけでなく、雑音も温度センサを選択する際に検討すべき重要な項目である。非冷却 IRFPA の検出器構造は、Si 信号読出回路が製造された基板上に一体集積化することが望ましい。そのため、ROIC である CMOS（complementary metal-oxide semiconductor）LSI の性能を劣化させることなく温度センサを作製できることも重要な温度センサ選定理由になる。配線工程を経た Si LSI 上に検出器を形成する場合は、LSI の耐熱温度が良質の温度センサを形成する際に障壁になることがある。

第２の要因は､式（3-30）の右辺第３項に関係する画素の熱設計である。受光部とヒートシンクとなる基板の間の断熱性が高いほど画素の温度変化は大きくなる。断熱の良さは、支持構造の設計やパッケージングで決まる。非冷却 IRFPA の代表的な支持構造としては、バンプ接合とマイクロブリッジがある[1,3,4)]。第２章で述べたように、MEMS 技術で実現するマイクロブリッジ構造では、バンプ接合より高い断熱性能が得られる[15,55)]。MEMS 構造による断熱性能の改善により非冷却 IRFPA の性能は飛躍的に改善された。MEMS 技術で支持構造の断熱性を高めると、パッケージ内の気体を通した熱の流失も問題になるため、真空パッケージングの導入が必要となる。

第３の要因は、式（3-30）の右辺第２項で示されるものである。この項は、赤外線カメラの光学系の設計と赤外線吸収層の吸収率で決まる。本書では赤外線カメラの光学設計については取り扱わないが、赤外線吸収層の設計については代表的な例を紹介する。赤外線吸収層の材料の選定と構造の設計は、赤外線 IRFPA の分光感度特性を決定し、受光部の熱容量にも影響を与える。熱型赤外線検出器の高感度化と応答速度の高速化を実現するためには、熱容量が小さく、赤外線吸収率の大きな赤外線吸収層が必要である。

以下で、これら3つの要因に関して考察する。

3−5−2　温度センサ

第2章で述べたように、非冷却IRFPAに利用されている主要な温度センサとしては、焦電センサ、誘電ボロメータセンサ、抵抗ボロメータセンサ、サーモパイルセンサ、ダイオードセンサ、バイマテリアルセンサ、サーモオプティカルセンサがある。第4章から第9章でこれらについて詳細に議論する。

3−5−3　熱設計

3−5−3−1　熱バランス

断熱の重要性を理解するために、ここでは熱型赤外線検出器の簡単な熱解析を行う。断熱された検出器に蓄積されるエネルギーは、検出器に流入するエネルギーと流出するエネルギーの差になり、蓄積されるエネルギーが受光部の温度上昇に寄与する。熱型赤外線検出器では、検出器に通電することによるジュール熱が発生する場合があるが、ここでは検出器が吸収する赤外線エネルギーだけを流入するエネルギーと考えて解析を行う。ジュール熱を考慮した解析は、第5章で説明する。抵抗ボロメータの場合、ジュール熱の発生が動作条件に制約を与えることがある。

図3-5は熱型赤外線検出器における熱収支を説明する図である。赤外線吸収層（infrared sbsorber）は、支持構造（support）で基板（substrate）空洞上に浮いた状態で保持されている。入射した赤外線は赤外線吸収層で吸収され、熱エネルギーに変換され、赤外線吸収部の温度を変化させる。赤外線吸収層と周囲との間に温度差ができると、赤外線吸収層と基板の間に熱の流れを生じる。熱流の成分は、支持構造を通した熱流（through support）、検出器周りに存在する気体を通した熱流（through gas）、放射による熱流（via radiation）の三種類である。周囲に気体がある場合は、対流による熱伝達も起こるが、この影響は気体を通した熱伝導に比べ小さい[4]ので、以後、対流の影響を無視して解析を進める。

赤外線吸収層の温度をT_d、基板を含む周囲の温度をT_sとすると、支持構造と気体を通した熱伝導による伝達される熱パワーP_{COND}は、

$$P_{COND} = (G_{SUP} + G_{GAS}) \cdot (T_d - T_s) \quad \cdots\cdots\cdots\cdots\cdots\cdots\cdots\cdots\cdots\cdots\cdots \quad (3\text{-}31)$$

となる。ここで G_{SUP} と G_{GAS} は、それぞれ支持構造と気体の熱コンダクタンスである。

断熱された赤外線検出器は、周囲に赤外線を放出し、周囲から放射された赤外線を吸収する。もし、$T_d > T_s$ であれば、赤外線放射によるネットのエネルギー移動は検出器から周囲の構造に向かって起こる。赤外線放射により伝達される熱パワー P_{RAD} は、赤外線吸収層の放射率を 1 とすると

$$P_{RAD} = \sigma_{SB} \cdot A_d \cdot (T_d^4 - T_s^4) \quad \cdots\cdots\cdots\cdots\cdots\cdots\cdots\cdots\cdots\cdots\cdots\cdots \quad (3\text{-}32)$$

となる[2]。ここで、σ_{SB} は Stefan-Boltzmann 定数（5.670×10^{-8} W/m^2 K^4）である。検出器と周囲の温度差は非常に小さいので、放射による熱伝達は、

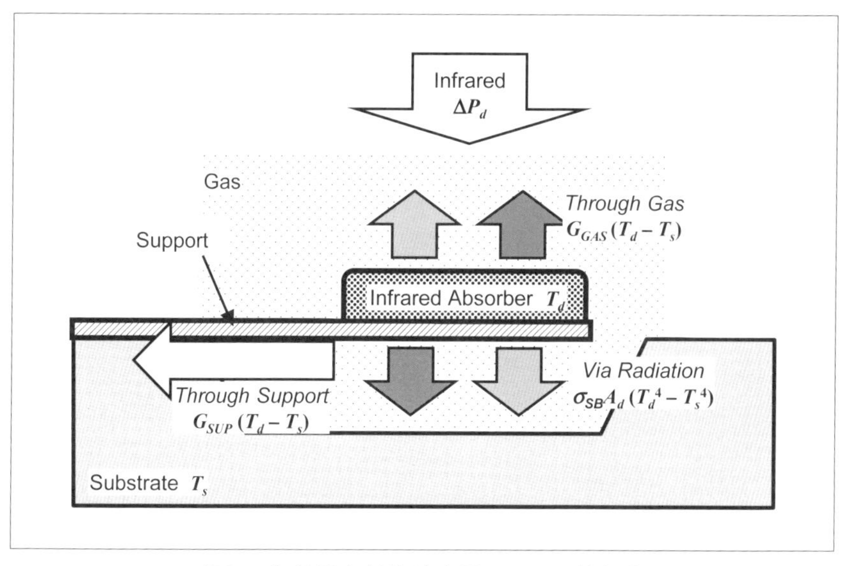

〔図 3-5〕熱型赤外線検出器における熱収支

$$G_{RAD} = 4 \cdot \sigma_{SB} \cdot A_d \cdot T_d^3 \quad \cdots\cdots (3\text{-}33)$$

という熱コンダクタンスの熱伝導と等価と考えて解析することができる[3)]。

したがって、伝達される全熱パワー P_{TOT} は、

$$P_{TOT} = G_T \cdot (T_d - T_s) = G_T \cdot \Delta T_d \quad \cdots\cdots (3\text{-}34)$$

で与えられる。ここで、G_T は全熱コンダクタンスで、

$$G_T = G_{SUP} + G_{GAS} + G_{RAD} \quad \cdots\cdots (3\text{-}35)$$

である。

赤外線吸収層に入射する赤外線パワーが赤外線吸収層に流入するパワーであり、式 (3-34) で与えられる量が赤外線吸収層から流出するパワーである。流入パワーと流出パワーの差が赤外線吸収層に蓄積され、温度変化を引き起こすので、

$$C_H \cdot \frac{d(\Delta T_d)}{dt} = \Delta P_d - G_T \cdot \Delta T_d \quad \cdots\cdots (3\text{-}36)$$

が成立する。ここで、C_H は受光部の熱容量で、t は時間である。赤外線吸収層の放射率が1でない場合は、式 (3-36) の ΔP_d に放射率を乗じた式を用いる。放射率は吸収率と等しい。

画素に入射する赤外線の光量が角周波数 ω で正弦波的に変化すると考えると、

$$\Delta P_d(t) = \Delta P_0 \cdot \exp(j \cdot \omega \cdot t) \quad \cdots\cdots (3\text{-}37)$$

と表すことができる。ここで、ΔP_0 は入射赤外線の振幅である。この場合の式 (3-36) の定常解は、

$$\Delta T_d(t) = \frac{\Delta P_0 \cdot \exp(j \cdot \omega \cdot t)}{G_T + j \cdot \omega \cdot C_H} \quad \cdots\cdots (3\text{-}38)$$

となる。したがって、赤外線吸収層の温度も赤外線と同じ角周波数で変

化し、その振幅は、

$$\Delta T_d = \frac{\Delta P_0}{G_T(1+\omega^2 \cdot \tau_T{}^2)^{1/2}} \quad \cdots\cdots (3\text{-}39)$$

となる。ここで τ_T は熱時定数で、

$$\tau_T = \frac{C_H}{G_T} \quad \cdots\cdots (3\text{-}40)$$

で与えられる。低周波領域 ($\omega \cdot \tau_T << 1$) では ΔT_d は、

$$\Delta T_d = \frac{\Delta P_0}{G_T} \quad \cdots\cdots (3\text{-}41)$$

と近似できる。式 (3-41) は、検出器と基板の温度差 ΔT_d が熱コンダクタンス G_T に反比例することを示している。一方、高周波領域 ($\omega \cdot \tau_T >> 1$) では ΔT_d は、

$$\Delta T_d = \frac{\Delta P_0}{\omega \cdot C_T} \quad \cdots\cdots (3\text{-}42)$$

となる。式 (3-42) 式は、入射する赤外線の変調周波数が高くなるほど感度が低くなることを示している。式 (3-39) より、遮断角周波数 $\omega_c = 1/\tau_T$ では、感度は低周波領域の $\sqrt{1/2}$ 倍になる。高周波領域では、感度低下だけでなく運動物体の画像の尾引もみられるようになるので、テレビフレームレート (30 fps) で動作する非冷却 IRFPA の熱時定数は、通常 10 ms 程度となるよう設計されている。

3－5－3－2　温度―温度変換

赤外線イメージングは、撮像対象の温度変化 ΔT が赤外線放射量の変化に変換され、放射された赤外線のうちレンズで集光されて赤外線 IRFPA 画素に到達したものが赤外線吸収層で吸収され、検出器の温度変化 ΔT_d を引き起こす。ΔT_d と ΔT の比率 $\Delta T_d/\Delta T$ は、撮像対象と検出器の温度変換の比率で、式 (3-20) と式 (3-41) を用い、$\Delta P_0 = \Delta P_d$ として、

$$\frac{\Delta T_d}{\Delta T} = \frac{1}{G_T} \cdot \frac{\partial M_e(\lambda_1 - \lambda_2, T)}{\partial T} \cdot \frac{A_d}{4 \cdot F^2} \quad \cdots\cdots (3\text{-}43)$$

となる。たとえば、$F=1$、$A_d=50\times 50\ \mu m^2$ の場合、G_T を 1×10^{-7} W/K とすると、撮像対象の温度が 1 K 変化したときの画素の温度変化は 16 mK である。$F=1$、$A_d=50\times 50\ \mu m^2$ の場合の $\Delta T_d/\Delta T$ の熱コンダクタンス依存性を図 3-6 に示す。

３－５－３－３　支持構造の熱コンダクタンス

図 3-7 に強誘電体材料を用いた非冷却 IRFPA の画素構造を示す。この構造は、MEMS 技術の有用性が示されるまで主流となっていたハイブリッド画素構造である。図 3-7 (a) は、1980 年代の画素構造で、各画素を構成する強誘電体検出器（ferroelectric detector）の下部電極（lower electrode）と Si ROIC の信号入力部は金属バンプ（metal bump）で接合されている。検出器の上部電極（upper electrode）はすべての画素に対する

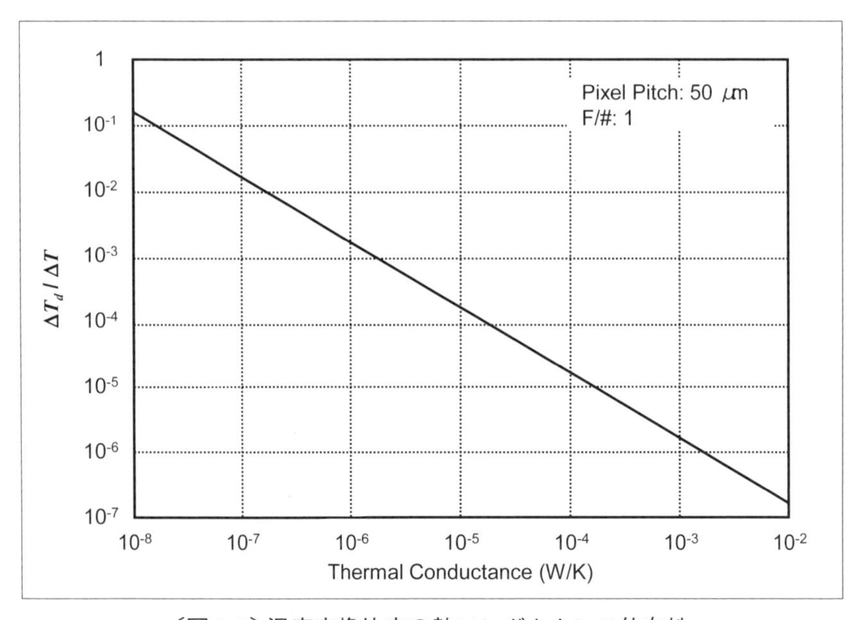

〔図 3-6〕温度変換比率の熱コンダクタンス依存性

共通電極となっている。Si ROIC は熱的にはヒートシンクの役割を果たす。この構造の熱の流れは金属バンプを通したものが支配的で、画素ピッチが 50 μm 程度では、熱コンダクタンスは 10^{-3} ～ 10^{-4} W/K になると推定される。図 3-6 を用いて、撮像対象の温度が 1 K 変化した場合のこの構造の検出器の温度変化を求めると 1 ～ 10 μK となる。非冷却 IRFPA として、このレベルの温度変化を検出することは非常に難しい。

1992 年にはハイブリッド構造を改善した図 3-7（b）の構造が開発された [14)]。この構造では、検出器と下部電極と Si ROIC は直接金属バンプで接続されるのではなく、島状の有機メサ（organic mesa）構造の表面に形成された薄膜配線（interconnection）を介して接続される。有機材料は金属に比べ熱伝導率（thermal conductivity）が小さく、薄膜配線も金属バンプに比べ熱コンダクタンスを小さくできるので高感度化が可能となる。この構造の画素の熱コンダクタンスは 10^{-5} W/K 程度に低減され、撮像対象の温度が 1 K 変化したときの検出器温度変化は 0.1 ～ 1 mK まで改善された。この結果、ハイブリッド非冷却 IRFPA の性能は実用化レベルに達した。しかし、ハイブリッド構造を改善して熱コンダクタンスを低減した場合の限界は 10^{-6} W/K で、それ以上の性能向上は難しいと考えられた。

1990 年代に入り非冷却 IRFPA の製造に MEMS 技術が用いられるよう

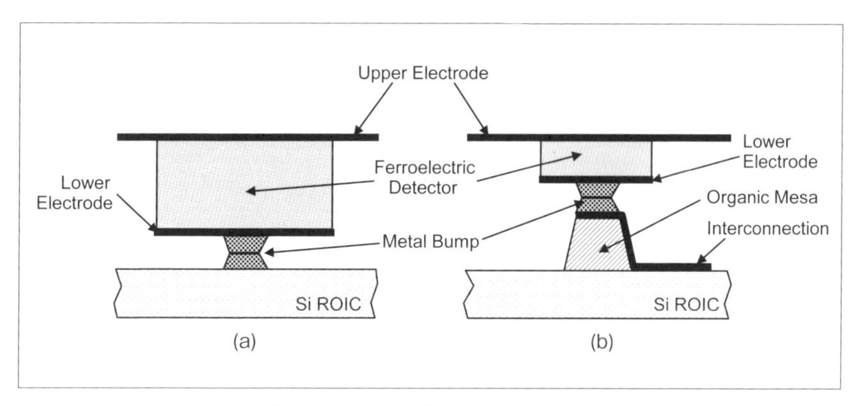

〔図 3-7〕ハイブリッド画素構造

になると、支持構造の熱コンダクタンスは飛躍的に低減された。図3-8にMEMS技術で作製した非冷却IRFPAの画素構造を示す。この構造は、赤外線吸収層（infrared absorber）を2本の支持構造（support）で基板表面（substrate surface）から浮いた状態で保持したものである。支持構造部はアンカー（anchor）で基板と接続されている。赤外線吸収層からヒートシンクである基板へは支持構造を通って熱が流れる。ROICは基板上に形成されている。この構造は、LSIの製造と同じ薄膜成膜技術とフォトリソグラフィ技術を用いた微細加工技術で作製するので非常に小さい熱コンダクタンスを実現することができる。

ここで、図3-8の構造で実現可能な熱コンダクタンスについて検討する。長さが50 μmの支持構造が2本形成された画素ピッチを50 μmの画素を考える。支持構造の主要部分は絶縁膜で形成されるが、温度センサの出力を読み出すために電気配線が必要である。温度センサは2端子素子であるので、それぞれの支持構造に1本ずつ金属配線が含まれていて、2本の支持構造は同じ断面構造を有していると仮定する。

絶縁膜がスパッタで形成したSi窒化膜（SiN）で、熱伝導率を2 W/m K[4]、金属配線材料がクロム（Cr）で、熱伝導率を29 W/m K[4]と考えて検討を

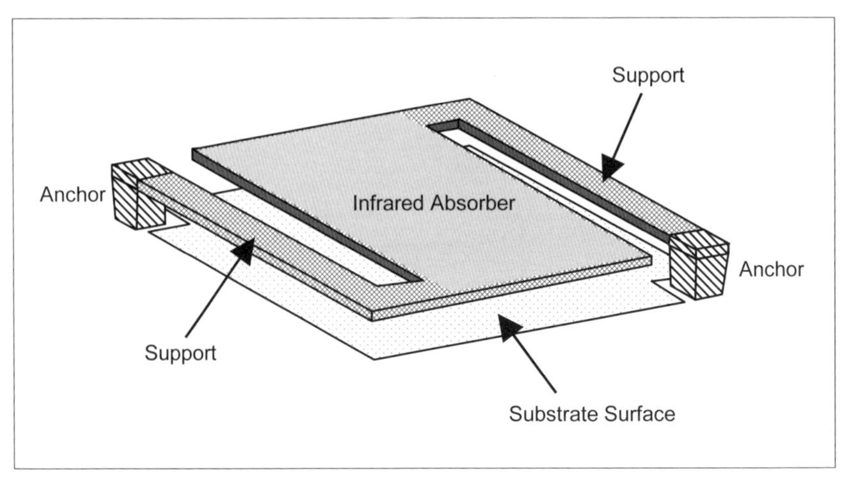

〔図3-8〕MEMS技術で製造した非冷却IRFPAの画素構造

進める。図3-9に挿入した断面図のように、基本構造を幅2 μm、厚さ1 μmのSi窒化膜内に幅1 μm、厚さ0.1 μmのクロム配線が含まれている構造とする。基本構造の支持構造2本分の熱コンダクタンスは2.68×10^{-7} W/Kとなる。この断面形状をスケーリングした場合に得られる熱コンダクタンスを図3-9に示す。横軸はスケーリングファクター（scaling factor）で、基本構造が1で、スケーリングファクターにしたがって断面構造が比例縮小／拡大されるものとしている。たとえば、スケーリングファクターが0.5であれば、支持構造の幅は1 μm、厚さ0.5 μmで、配線は幅が0.5 μm、厚さが0.05 μmとなる。図3-9から、MEMS構造を使用すると1×10^{-7} W/K以下の熱コンダクタンスを実現することは容易であり、ハイブリッド構造に比べ1桁以上高感度化できることが理解できる。

3－5－3－4　雰囲気気体の影響

前節で検討したのは支持構造の熱コンダクタンスであるが、3−4−3−1節

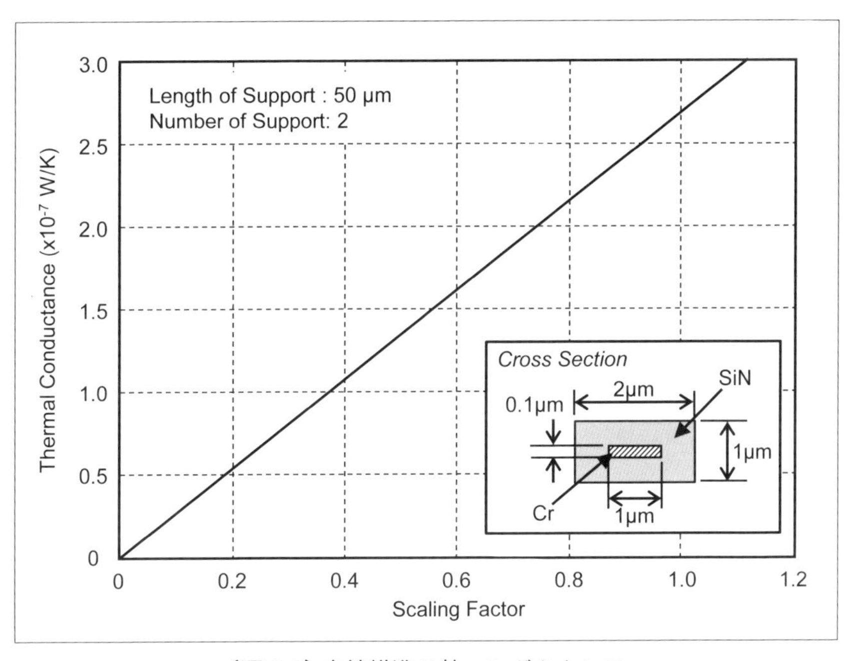

〔図3-9〕支持構造の熱コンダクタンス

で示したように、非冷却IRFPAの周囲に気体が存在する場合は、気体を通した熱伝達も考慮する必要がある。ここでは、気体が存在するパッケージ内に収納された非冷却IRFPAを考える。

図3-10は、2枚の平行平板の間の気体による熱伝達（heat transfer）を説明する図である。圧力（pressure）が高く、気体分子の平均自由工程（mean free path）が平板間の距離に比べ小さい粘性流（viscouse flow）領域では、熱エネルギーは気体分子同士の衝突により伝達さる。この場合、気体を通した熱伝導は固体内の熱伝達と同じように扱うことができ、熱伝達量は気体の熱コンダクタンスで決まる。この領域における熱伝導は圧力に依存しないが、対流による熱伝達量は圧力が高くなると大きくなるので、実際の熱伝達量は圧力の増加に対して図のようにわずかに圧力依存性を持つ。

圧力が低下して、気体分子の平均自由工程が平板間の距離より長くなると、気体分子は他の分子と衝突することなく平板の間を往復するよう

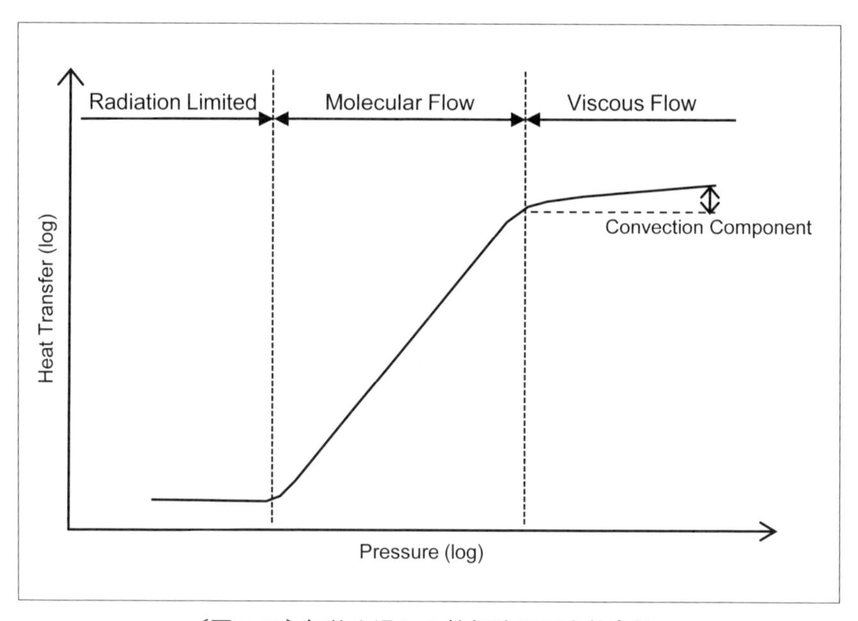

〔図3-10〕気体を通した熱伝達の圧力依存性

になる。この状態は分子流（molecular flow）領域と呼ばれ、熱伝達量は気体分子の密度に比例する。気体分子の密度は圧力に比例するので、分子流領域の熱伝達量は、気体の圧力に比例して変化する。

さらに低い圧力領域でも気体分子によって運ばれる熱量は圧力に比例して減少するが、気体を通した熱伝達量が熱放射によって授受される熱量より小さくなると熱放射が熱伝達の支配的なメカニズムになる。熱放射量は、圧力に依存しないので、低圧力領域では熱伝達量は一定値となる。この領域を放射限界（radiation limited）領域と呼ぶ。本節では、粘性流領域と分子流領域における気体を通した熱伝達を考える。

図 3-11 に粘性流領域の気体を通した熱伝達を検討した結果を示す。気体は N_2 ガスで、熱伝導率を 2.4×10^{-2} W/m·K（@ 0℃）とし、上部平板（図 3-8 の受光部に相当する部分）を 50 μm の正方形として、平行平板間の熱コンダクタンスの距離（図中 cavity で示した部分の長さ）依存

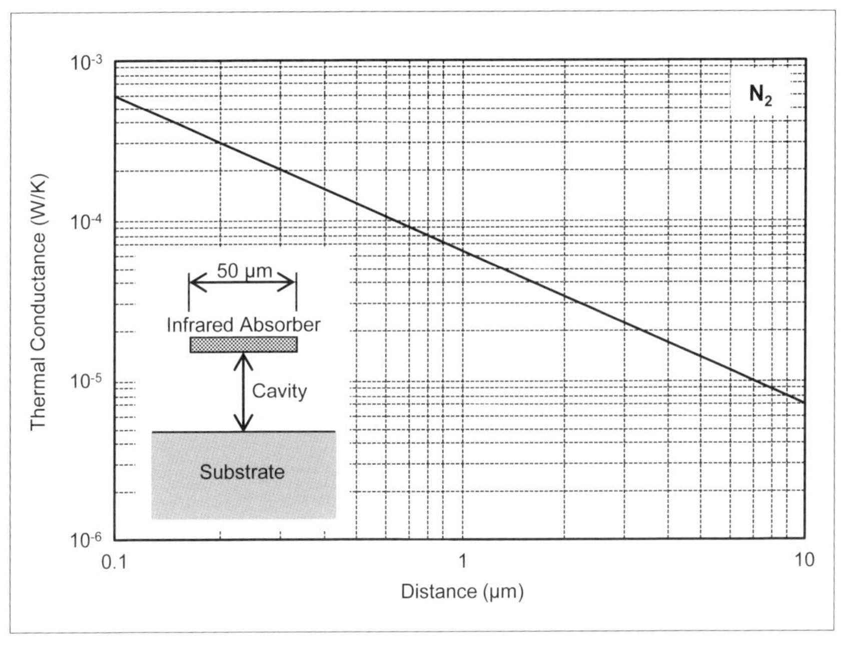

〔図 3-11〕N_2 ガスの粘性流領域での熱コンダクタンス

性を計算した結果である。ここでは、熱コンダクタンスは上面で決まる四角柱の形状の気体のみで決まるというモデルで算出している。

通常の非冷却 IRFPA の画素では、平板間距離は対象とする波長帯の中心波長の 1/4 の長さにすることが多い。この設計に従うと、LWIR 用非冷却 IRFPA では平板間距離は 2.5 μm となり、熱コンダクタンスは 2.4×10^{-5} W/K になる。MEMS 非冷却 IRFPA では 1×10^{-7} W/K 以下の支持構造の熱コンダクタンスを実現することが容易であるので、大気圧で N_2 ガス封止されたパッケージに収納された非冷却 IRFPA の性能は、気体の影響がない場合に比べ２桁近く悪くなる。

赤外線吸収層とパッケージの間でも雰囲気ガスを通し熱伝達が起こるが、この場合の熱伝導パスの長さは基板と赤外線吸収層の距離と比べると２～３桁大きいので、この熱伝導パスを通した熱伝達は無視していい。

次に分子領域について検討する。分子流領域では、気体を通した熱伝達量は圧力に比例して変化する。ここでは、パッケージ内の気体が非冷却 IRFPA の感度に影響を与えないようにするために必要な真空度を検討する。

窒素分子の平均自由行程は、1 Pa で 6.5×10^{-3} m（@293K）である[56]。平均自由行程は圧力に反比例するので、1000 Pa でも非冷却 IRFPA 画素の赤外線吸収層と基板の距離（2.5 μm）に比べ長く、画素内部では 1000 Pa 以下の圧力であれば分子流の特性を示すと考えられる。分子流領域の平行平板間の熱伝達量 P_{GAS} は、

$$P_{GAS} = a\cdot\Lambda_0\cdot p\sqrt{\frac{273.2}{T_g}}\cdot(T_1 - T_2)\cdot A_d \quad \cdots\cdots\cdots\cdots\cdots\cdots\cdots\cdots \quad (3\text{-}44)$$

で与えられる[56]。ここで、p は圧力、T_g は気体温度、T_1 と T_2 は平板の温度（$T_1 > T_2$）である。Λ_0 は気体温度 273.2K での自由分子熱伝導度（free molecular heat conductivity）で、N_2 ガスでは 1.296 $W/m^2\cdot K\cdot Pa$ である[56]。a は二つの平板平面と気体分子との間のエネルギー授受の効率を表す適応係数で、以下の検討では１としている。

式（3-44）を用いて、50 μm 角の赤外線吸収層と基板との間の熱伝達量を計算した結果を図 3-12 に示す。気体温度は 273.2 K としている。分子流領域では、平板間の距離が変化しても熱伝達量が変化しないので、グラフの縦軸は熱コンダクタンスと比較できる指標として平板間の温度差が 1 K である場合の熱伝達量（power transfer per 1K temperature difference）としている。この結果から、支持構造の熱コンダクタンスが 10^{-7} W/K 以下とすることが可能であることを考えると、パッケージ内の気体を通した熱伝達が非冷却 IRFPA の性能に影響を与えないようにするためには、1 Pa より高い真空度が必要である。

3－5－3－5　放射の影響

検出器と周囲の温度差は非常に小さく、赤外線吸収層の放射率を 1 とすると、放射は式（3-33）で与えられる熱コンダクタンス G_{RAD} を持った熱伝導として取り扱うことができる。検出器温度を 300 K とした場合の

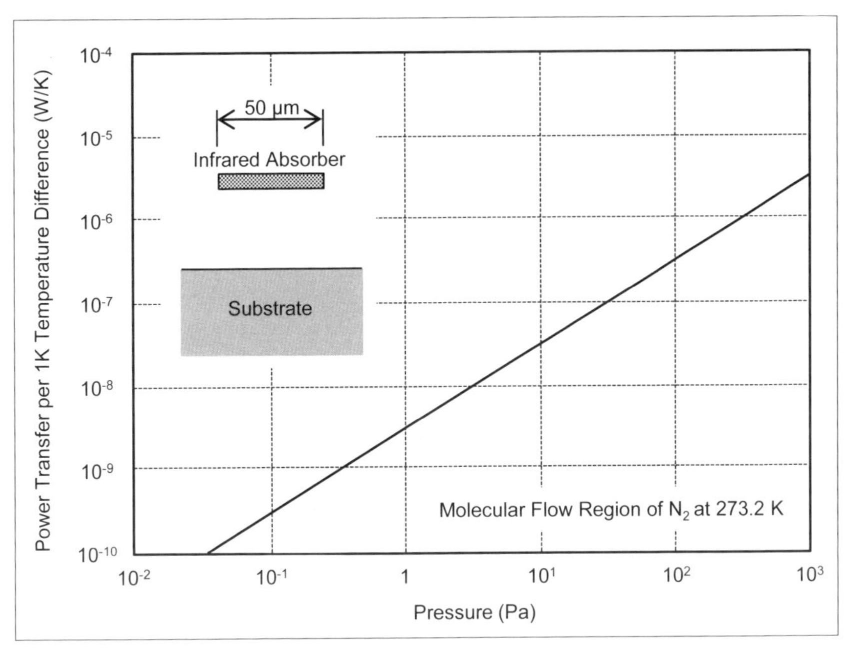

〔図 3-12〕N_2 ガスの分子流領域での熱伝達量

G_{RAD} の画素面積依存性を図 3-13 に示す。非冷却 IRFPA の画素では基板面に反射膜を持った構造が用いられることが多く、この場合は、赤外線吸収層の上面のみが放射による熱伝達に寄与する。一方、反射膜を持たない画素では赤外線吸収層の上下両面からの放射を考える必要がある。図 3-14 では、両方（single-side radiation と double-side radiation）の場合の G_{RAD} の画素面積依存性を示した。

図 3-14 は真空封止された非冷却 IRFPA の画素の全熱コンダクタンスと支持構造の熱コンダクタンスの関係を示したグラフである。ここでは、画素は反射膜を持った構造を仮定しており、片面からの放射だけを考慮している。支持構造の熱コンダクタンスを減らしてゆくと、全熱コンダクタンスが放射を与える式（5-33）の値で決まるようになる。

3－5－4　赤外線吸収

3－5－4－1　一般的な赤外線吸収構造

これまでは、赤外線吸収層の吸収率（absorptivity）は 1 で、入射した赤外線は 100% 吸収されると仮定して検討を進めてきた。しかし、赤外

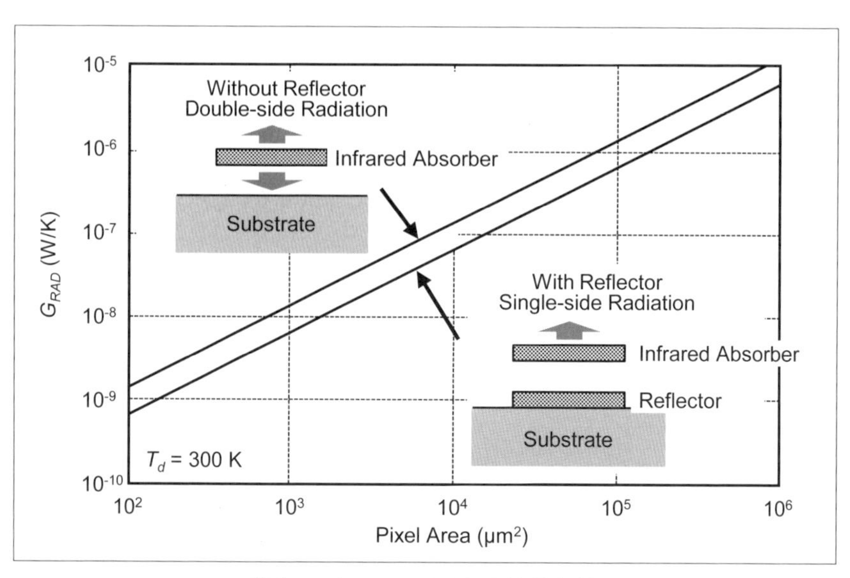

〔図 3-13〕G_{RAD} の画素面積依存性

線の吸収率は、吸収層の構造と用いられる材料で決まる波長依存性を持つ。したがって、非冷却IRFPAを設計する場合、吸収率の波長依存性を考慮する必要がある。赤外線イメージングに使用する波長帯をλ_1からλ_2までとすると、吸収率$\eta(\lambda)$を考慮した黒体温度感度R_{TBB}は

$$R_{TBB}=R_{TM}\cdot\frac{1}{G_T}\cdot\frac{A_d}{4\cdot F^2}\cdot\frac{\partial}{\partial T}\int_{\lambda_1}^{\lambda_2}\eta(\lambda)\cdot\frac{c_1}{\lambda^5}\frac{1}{\exp(\frac{c_2}{\lambda\cdot T})-1}d\lambda \quad \cdots (3\text{-}45)$$

であり、$NETD$は

$$NETD=\frac{4\cdot F^2\cdot G_T\cdot V_{NT}}{R_{TM}\cdot A_d\cdot\frac{\partial}{\partial T}\int_{\lambda_1}^{\lambda_2}\eta(\lambda)\cdot\frac{c_1}{\lambda^5}\frac{1}{\exp(\frac{c_2}{\lambda\cdot T})-1}d\lambda} \quad \cdots (3\text{-}46)$$

となる。ここで、R_{TM}は温度センサの電圧感度（検出器の温度が1K変

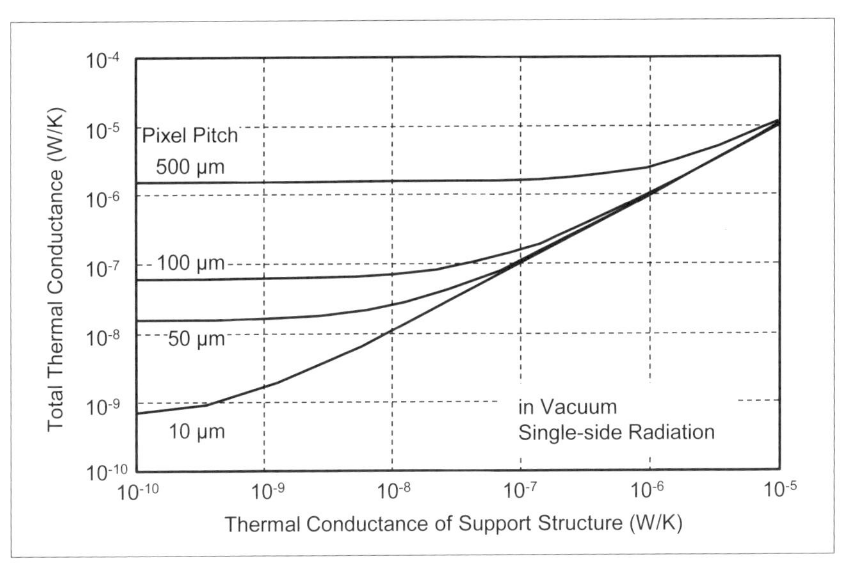

〔図3-14〕真空中での全熱コンダクタンスと支持構造の熱コンダクタンスの関係

化したときに得られる出力電圧の変化量）である。以下で非冷却IRFPAに用いられる代表的な赤外線吸収構造について議論する。

189 Ω/□のシート抵抗（sheet resistance）を持った金属膜は、シングルパスで50%の赤外線を吸収するので、熱型赤外線検出器の赤外線吸収膜として利用できる[57]。しかし、非冷却IRFPAには、金属薄膜を使った赤外線吸収構造としてより効率的に赤外線吸収できる1/4波長干渉吸収構造（interferometric absorbing structure）が利用される[57]。干渉吸収構造は、金属反射膜（reflector）、シート抵抗が377 Ω/□の金属薄膜吸収層（thin film absorber）およびそれらの間の絶縁層からなる（図3-15に挿入した構造を参照）。絶縁層の厚さは、光学長が吸収したい波長の1/4に等しくなるよう設定する。通常、非冷却IRFPAの1/4波長干渉吸収構造では、絶縁層として真空（vacuum）領域が、反射膜には半導体中の配線材料金属として一般的なAlが用いられる。

反射膜の反射率を1、絶縁層を真空とし、反射膜と吸収層の距離を

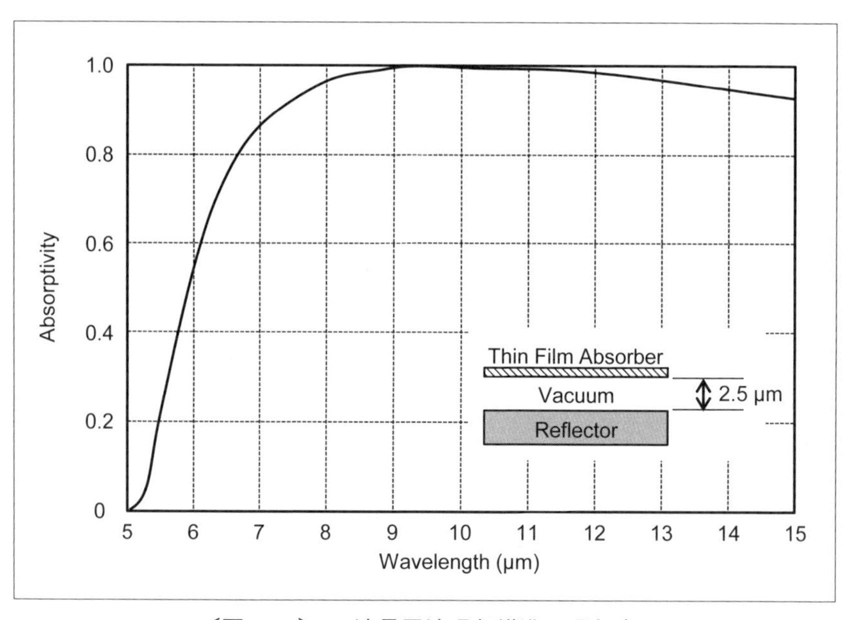

〔図3-15〕1/4波長干渉吸収構造の吸収率

d_{gap} とすると、1/4 波長干渉吸収構造の分光吸収率 $\eta(\lambda)$ は、

$$\eta(\lambda) = \frac{4}{4+\cot^2(\frac{2\cdot\pi\cdot d_{gap}}{\lambda})} \quad \cdots\cdots (3\text{-}47)$$

で与えられる[57]。図 3-15 に $d=2.5$ μm とした場合の 1/4 波長干渉吸収構造の赤外線吸収特性の計算例を示す。この結果から、1/4 波長干渉吸収構造を用いることで比較的広い波長範囲で高い吸収率が得られることがわかる。

必要となる金属薄膜吸収層の膜厚は数 nm と薄く、シート抵抗を 377 Ω/□に調整することは難しいが、図 3-16 に示すように吸収膜のシート抵抗値がずれても十分な吸収率が得られる。図 3-16 は、8 ～ 13 μm の波長範囲での有効吸収率の吸収膜のシート抵抗依存性を計算した結果である[57]。この計算では、反射膜のシート抵抗は 10 Ω/□としている。

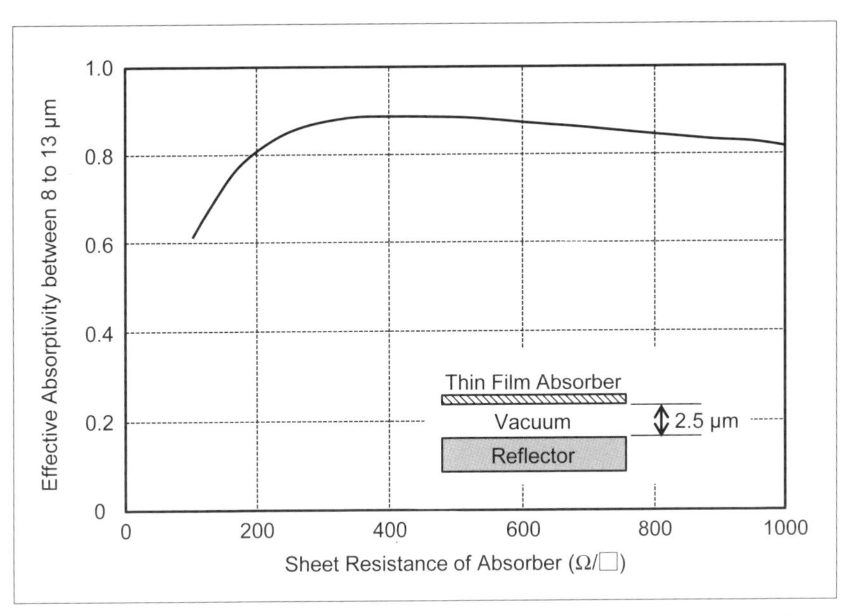

〔図 3-16〕1/4 波長干渉吸収構造の吸収率の金属吸収膜シート抵抗依存性

金などの金属を 10^2 Pa 以上の低真空で蒸着すると金属ブラックと呼ばれるポーラスな薄膜をつくることができる。金属ブラックは、広い波長範囲で高い赤外線吸収率を持った薄膜であり、単画素の熱型赤外線検出器では広く用いられている。図 3-17 に非冷却 IRFPA のために開発された Au ブラック赤外線吸収層の吸収率の波長依存性を示す[58]。図中に挿入したのは Au ブラック層の構造を示す電子顕微鏡写真であるが、この赤外線吸収膜ではポーラスな構造の中に光を閉じ込めることで広い波長範囲で高い吸収率を実現しており、粒径が有効な吸収が得られる波長を決める。いくつかの異なった粒径の金属ブラックを一体成膜する技術で、非常に広い波長範囲で 100% 近い吸収率を実現した例もある[59]。

Si LSI プロセスで使用される絶縁膜である SiO_2 や SiN は LWIR 波長域に分子振動による吸収があり、赤外線吸収膜として用いることができる。絶縁膜では広い波長域で高い吸収率を得ることができないので、絶縁膜赤外線吸収層は最適な選択肢とは言えないが、Si LSI プロセスとの両立

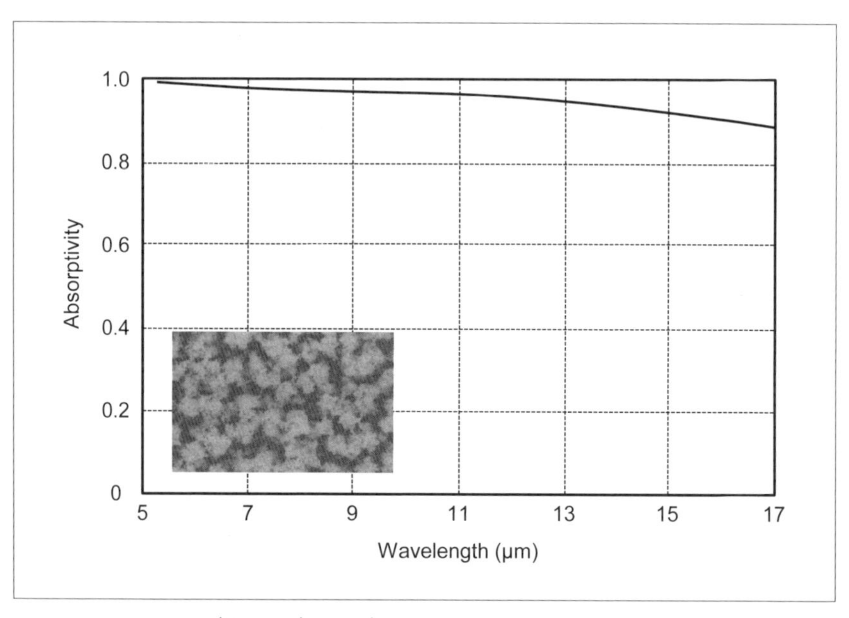

〔図 3-17〕Au ブラックの赤外線吸収特性

性は製造上大きな利点である。図3-18に半導体プロセス中で成膜したSiO_2とSiNの赤外線吸収特性の例を示す。この特性は、平坦なアルミニウム膜の上に形成したSiO_2とSiNの薄膜をフーリエ変換型赤外分光光度計（Fourier transform infrared spectrophotometer）で評価したもので、反射率（reflectance）を測定し、[1−反射率]を吸収率としているので、図中示した膜厚の絶縁膜を2度通過したダブルパスの吸収率である。図3-19に、同じ方法で評価したSiO_2の吸収率の膜厚依存性を示す。

Lenggenhanger等は、CMOS LSI製造プロセスで使用できるシリコン窒化膜およびシリコン窒化膜とシリコン酸化膜及組み合わせ複合薄膜の赤外線領域の吸収特性を報告している[60, 61]。図3-20に彼等の評価結果を示す。

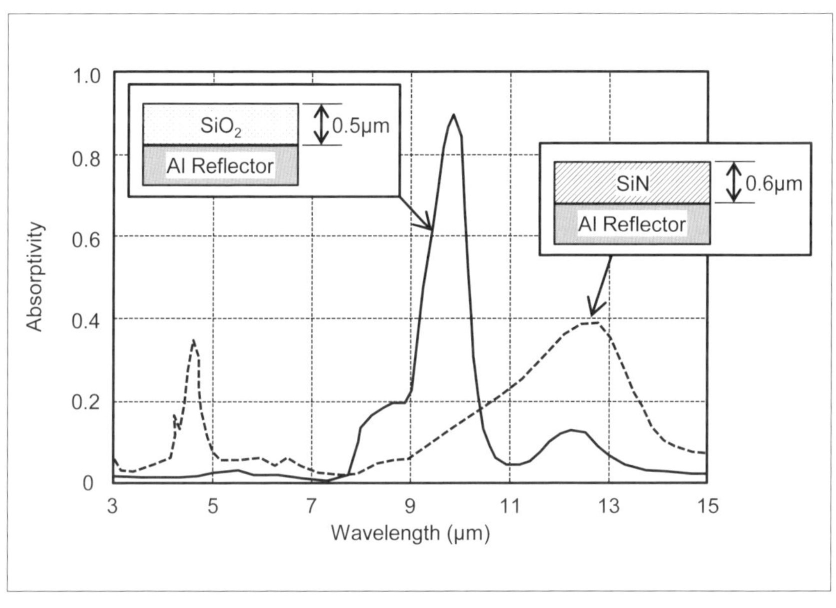

〔図3-18〕SiO_2とSiNの赤外線吸収特性

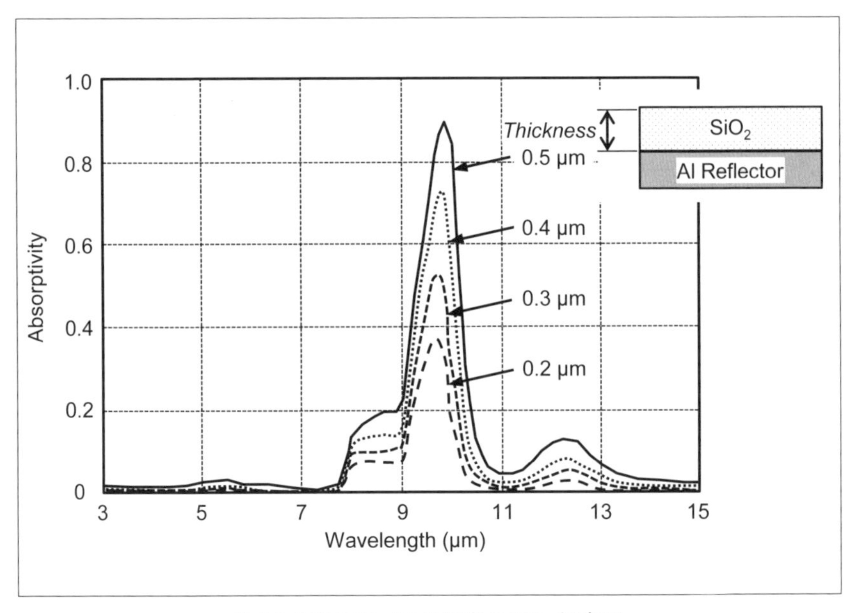

〔図 3-19〕SiO_2 の吸収率の膜厚依存性

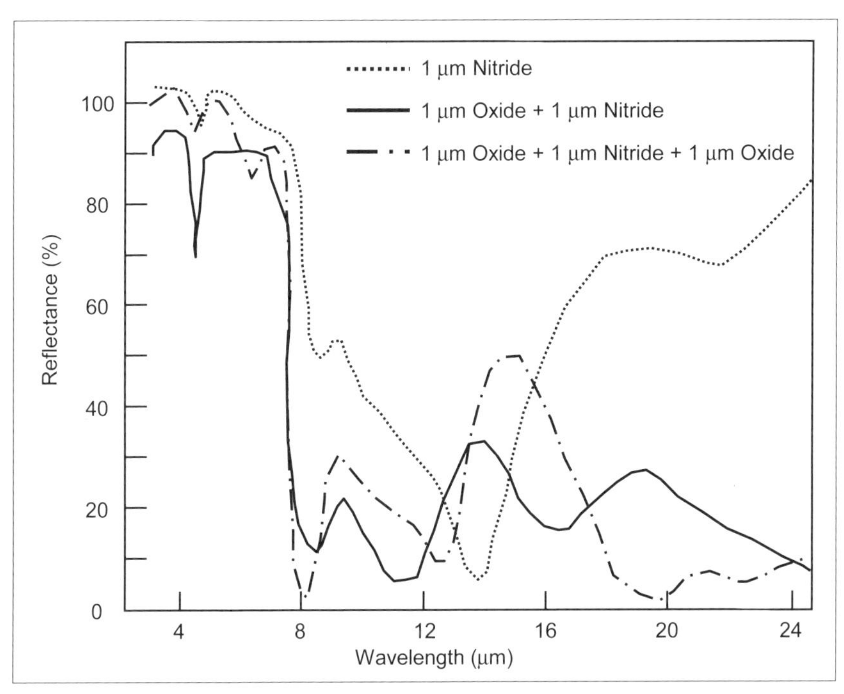

〔図 3-20〕SiN と SiN ＋ SiO_2 の赤外線吸収特性

3－5－4－2　波長選択赤外線吸収構造

前節で紹介した赤外線吸収構造は広い帯域の赤外線を吸収するためのものである。比較的波長依存性の大きい絶縁膜を用いた構造でも、吸収波長は材料で決まっているため、波長選択性を自由に調整することができない。最近、赤外線吸収層の設計で吸収波長を制御し、検出波長の異なった画素を一つの非冷却 IRFPA に集積化して、赤外線領域での多波長イメージングを実現しようという試みを見られるようになった[62-65]。図 3-21 に多波長 IRFPA の構想を示す。

図 3-22 は、プラズモニック波長選択赤外線吸収層（plasmonic infrared absorber）を持った非冷却 IRFPA の画素の例である[64]。図 3-22 の左はサーモパイル方式の画素の平面構造を示す写真、右上は受光部を拡大した

写真、右下が構造の詳細を示す図である。受光部はAu薄膜で被われていて、平坦な構造では赤外線を吸収しないが、図のように一定の周期(period)の穴構造を形成すると、穴のピッチと同じ波長の赤外線を選択的に吸収することができる。

図3-23に図3-22の画素で穴の周期を変えたときの分光感度特性の変化を示す。画素サイズは300×200 μmで、サーモパイル材料にはp型ポリシリコンとn型ポリシリコンである。図3-24に、同じ画素の穴の

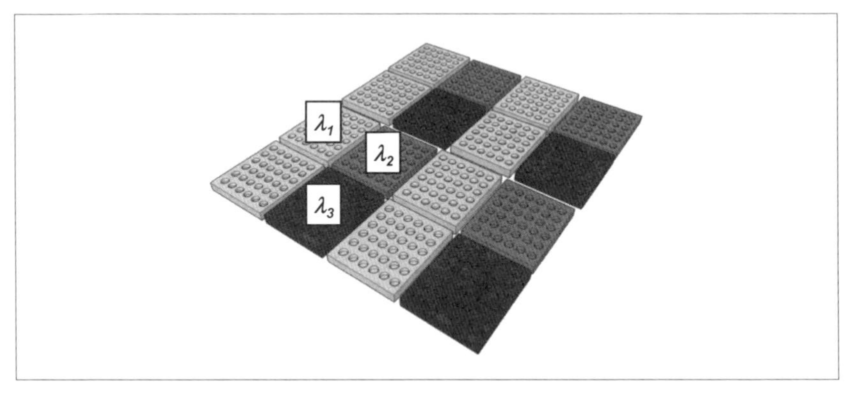

〔図3-21〕検出波長の異なった画素を一つチップに集積化した多波長IRFPA

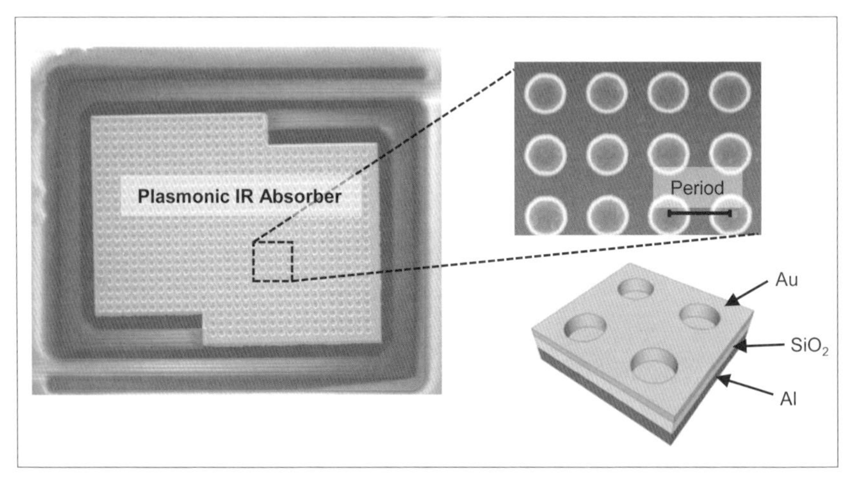

〔図3-22〕プラズモニック波長選択赤外線吸収体を持った画素

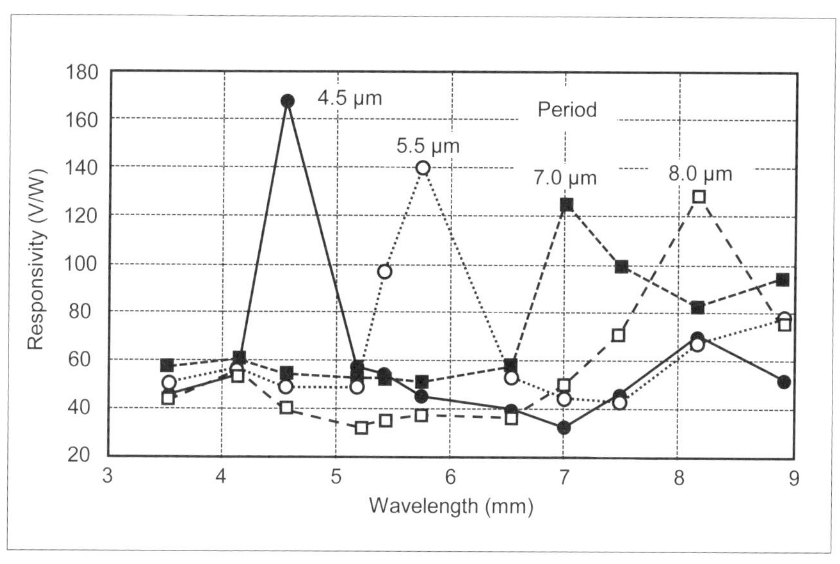

〔図 3-23〕プラズモニック波長選択赤外線吸収体を持ったサーモパイル検出器の分光感度特性

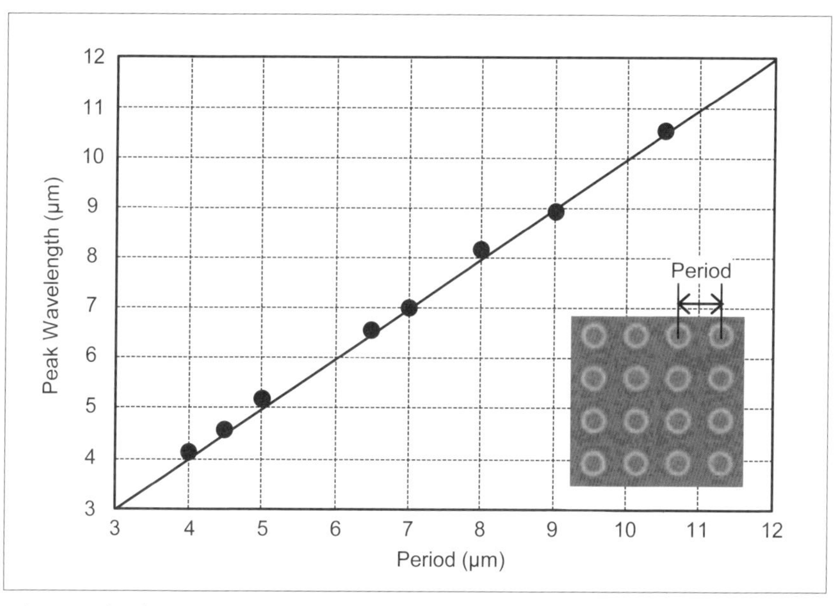

〔図 3-24〕プラズモニック赤外線吸収体を持ったサーモパイル検出器の検出ピーク波長の穴周期依存性

周期と検出ピーク波長（peak wavelength）の関係を示した[64]。図3-23と図3-24から、プラズモニック赤外線吸収体の分光感度特性は穴ピッチで制御することができ、検出ピーク波長は穴ピッチと一致していることがわかる。

図3-23の赤外線吸収構造を用いると、通常の非冷却IRFPAのプロセスに１枚のフォトリソグラフィ用マスク工程を追加するだけで、画素ごとの異なった分光感度特性を持った多波長非冷却IRFPAを作製することができる。

3－6　理論限界

3－6－1　画素ピッチ

図 3-25 は図 2-3 の中の最も進んだ非冷却 IRFPA 画素サイズの推移を、縦軸を対数軸として示したものである。図中に示したように、1992 年に VOx 抵抗ボロメータ非冷却 IRFPA[15] が発表されて以来、画素ピッチ縮小は着実に進んでいる。現在、画素ピッチは 17 μm から 12 μm への移行中であり、すでに 10 μm 画素も発表されているが [28]、本節では、画素ピッチ縮小はどこまで進むのか議論する。

収差のない理想的な光学系を用いても、点光源の像は回折（diffraction）で決まる広がりをもつ。この回折現象が画素ピッチ縮小の限界を与える重要な要因と考えられる。収差のない理想的な光学系を通して撮像面上に結像される点光源の像の光強度は、同心円状に明暗のリングパターンになり、最初の暗部が作る円形パターンの内部の明領域をエアリーディスク（airy disk）と呼ぶ。エアリーディスクの直径 r_a は、光学系の F 値

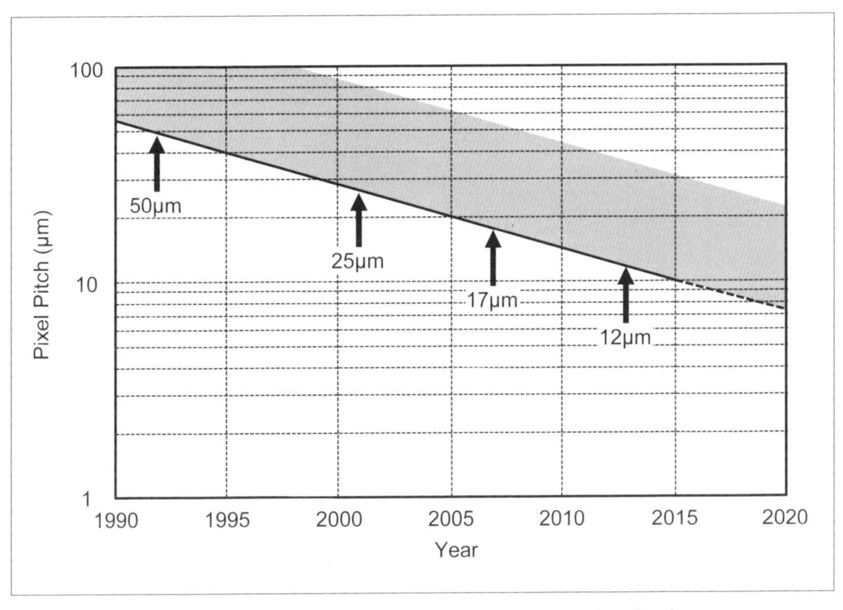

〔図 3-25〕非冷却 IRFPA の画素ピッチ縮小の推移

と波長で決まり、

$$r_a = 2.44 \cdot F \cdot \lambda \quad \cdots\cdots (3\text{-}48)$$

となる[2)]。図3-26に波長が10 μmでF値が1の場合の点光源の回折パターンと画素ピッチの大きさの関係を示す。波長が10 μmでF値が1の条件では、画素ピッチが17 μmより小さい場合はエアリーディスク内の光をすべて受光することが難しくなることがわかる。

図3-27は2つの点光源間の距離を変化させたときの回折像の重なりを示した図である。グラフの縦軸は光強度、横軸は位置で、グラフの上に示したグレースケールの図は像面での2次元の光の広がりを示している。右端の図は､像面上で点光源間の距離が波長とF値の積の2.44倍（距離がエアリーディスクの直径に等しい）の場合で、この状態では明部と暗部のコントラストは光源間の距離がこれ以上離れた場合と同じで、明

〔図3-26〕点光源の回折パターンと画素ピッチの関係（波長10 μm､F値1の場合）

部と暗部に画素を配置すれば十分なコントラストを持った画像が得られる。中央の図は、点光源間の距離を狭め、距離が波長とF値の積の1.22倍（距離がエアリーディスクの半径に等しい）の状態を示している。この場合は、2つの点光源のエアリーディスクの重なりが生じており、重なった部分の光量が大きく（暗部となる部分が明るく）なる。この場合は、明部と暗部に画素を配置することで、二つの光源があることを認識することができるが、明部の暗部のコントラストは小さくなる。さらに点光源間の距離を狭め、左の図のように距離が波長とF値の積の0.61倍（距離がエアリーディスクの半径の半分に等しい）になった場合、得られる像から二つの点光源を分解することができなくなり、一つの点光源の像として観測される。$0.61 \cdot F \cdot \lambda$ をRayleighの分解能（resolututiton of Rayleigh）と呼ぶ。ここで説明したRayleighの分解能の考え方は、画素ピッチ縮小限界を直感的に理解するのに役立つ。

イメージセンサの分解能をより厳密に議論する場合には、MTF

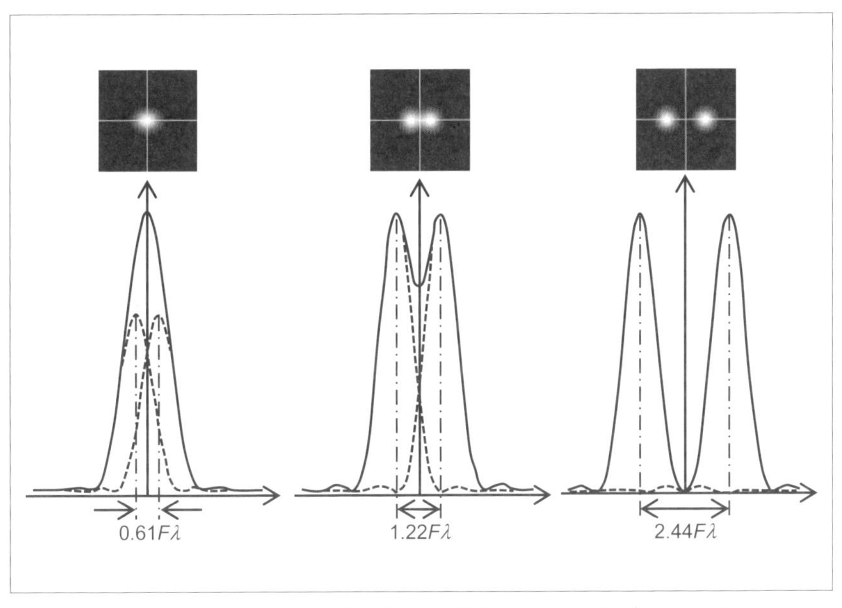

〔図3-27〕二つの点光源の像の光強度の点光源間距離依存性

（modulation transfer fanction）を用いる。MTF は空間的に正弦波状に変化する光源に対するイメージセンサの振幅応答で評価する性能指標である。図 3-28 は、光学系による回折を考慮し、理想的な検出器を用いた場合の MTF の計算結果である[66]。この例では、F 値を 1、波長を 10 μm としている。横軸は画素ピッチで規格化した撮像対象の空間周波数（normalized spatial frequency）で、0.5 がナイキスト周波数（Nyquist frequency）となる。ナイキスト周波数は 2 画素の大きさを 1 周期とした空間周波数である。波長が 10 μm で F 値が 1 の場合、画素ピッチを 5 μm とするとナイキスト周波数で MTF がゼロになるので、この画素ピッチが最小画素ピッチとなる。

現在、画素ピッチの主流は 17 μm で、12 μm への移行が進んでいる。回折現象から考えた画素ピッチの限界が 5 μm であることを考えると、今後さらに 1～2 世代画素ピッチ縮小が進むことが予想される。また、回折限界を超えた画素ピッチによるオーバーサンプリングも意味があるという考え方もあり[28]、5 μm より小さな画素ピッチの技術開発も検討されている。

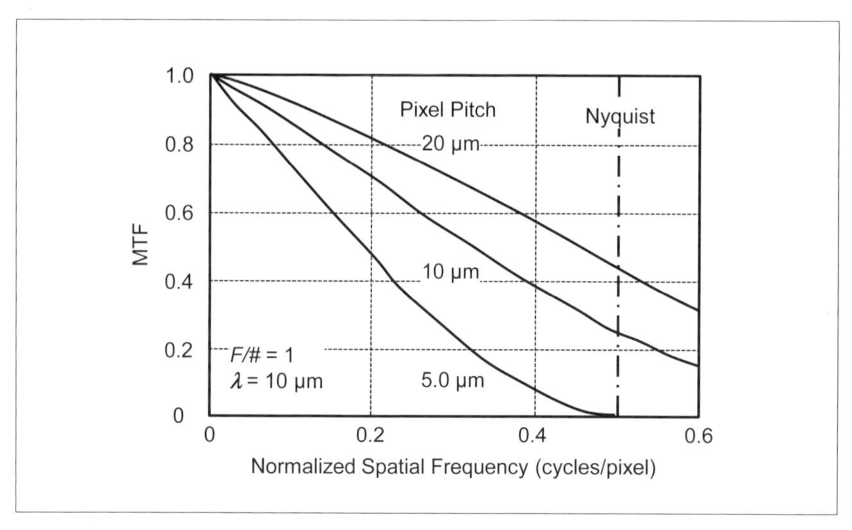

〔図 3-28〕MTF の画素ピッチ依存性（波長 10 μm、F 値 1 の場合）

3－6－2　NETD

ここでは、非冷却IRFPAのNETDの限界を参考文献[4)]にしたがって議論する。熱型赤外線検出器では、電気的な雑音に加え、周囲との熱エネルギーの授受の統計的な揺らぎによる雑音があり、熱エネルギーの授受の揺らぎが非冷却IRFPAの性能限界を与える。

検出器温度と周囲の温度が等しい場合、全周波数帯域にわたり積分した熱型赤外線検出器温度の平均二乗温度揺らぎ $\overline{\Delta T_d^{\,2}}$ は、

$$\overline{\Delta T_d^{\,2}} = \frac{k \cdot T_d^{\,2}}{C_{hm}} \quad \cdots\cdots (3\text{-}49)$$

で与えられる[4)]。ここで、C_{hm} は熱容量の調和平均である。ここで検討している系では、C_{hm} は検出器の熱容量と考えていい。

周囲との熱エネルギー授受の揺らぎの周波数依存性がなく、検出器温度と熱エネルギー授受の間には式（3-36）の熱バランスの式が成立すると仮定すると、

$$\overline{\Delta P_F^{\,2}} = 4 \cdot k \cdot T_d^{\,2} \cdot G_T \cdot B \quad \cdots\cdots (3\text{-}50)$$

となる。ここで、$\overline{\Delta P_F^{\,2}}$ は単位時間あたりに授受される熱パワーの平均二乗揺らぎである。$\overline{\Delta P_F^{\,2}}$ の平方根がNEPの理論限界値 P_{NTL} となる[4)]。すなわち、

$$P_{NTL} = \sqrt{\overline{\Delta P_F^{\,2}}} \quad \cdots\cdots (3\text{-}51)$$

である。D^* の定義にしたがって、NEPの理論限界値から温度揺らぎ雑音限界（temperaure fluctuation noise limit）の比検出能 D^*_{TF} を求めると、

$$D^*_{TF} = \left(\frac{A_d}{4 \cdot k \cdot T_d^{\,2} \cdot G_T}\right)^{1/2} \quad \cdots\cdots (3\text{-}52)$$

が得られる[4)]。D^* と感度の間には式（3-28）の関係があるので、式（3-24）と式（3-28）から R_V/V_{NT} を消去して得られる関係式を用いると、温度揺

らぎ雑音限界の雑音等価温度差 $NETD_{TF}$ は、

$$NETD_{TF} = \frac{4 \cdot F^2}{A_d \dfrac{\partial M_e(\lambda_1 - \lambda_2, T)}{\partial T}} \cdot \frac{(A_d \cdot B)^{1/2}}{D^*_{TF}} \quad \cdots\cdots\cdots\cdots\cdots\cdots (3\text{-}53)$$

で、式 (3-53) に式 (3-52) を代入すると、

$$NETD_{TF} = \frac{8 \cdot F^2 \cdot T_d \cdot (k \cdot B \cdot G_T)^{1/2}}{A_d \cdot \dfrac{\partial M_e(\lambda_1 - \lambda_2, T)}{\partial T}} \quad \cdots\cdots\cdots\cdots\cdots\cdots\cdots\cdots (3\text{-}54)$$

となる [4]。G_T は G_{SUP}、G_{GAS}、G_{RAD} の和であるが、MEMS技術で製造され、真空パッケージングされた非冷却IRFPAでは、通常 G_{SUP} が主要成分となっている。

支持構造の熱コンダクタンスを小さくしていって、G_{SUP} が放射の G_{RAD} より小さい領域に入ると熱エネルギー授受の揺らぎは放射で決まるようになる。この状態を背景揺らぎ雑音限界 (background fluctuation noise limit) と呼ぶ。式 (3-52) に放射の等価熱コンダクタンスの式 (3-33) を代入すると、背景揺らぎ雑音限界の比検出能 D^*_{BF} は、

$$D^*_{BF} = \left(\frac{1}{16 \cdot k \cdot \sigma_{SB} \cdot T_d^5}\right)^{1/2} \quad \cdots\cdots\cdots\cdots\cdots\cdots\cdots\cdots\cdots\cdots\cdots\cdots (3\text{-}55)$$

で、背景揺らぎ雑音限界の雑音等価温度差 $NETD_{BF}$ は、

$$NETD_{BF} = \frac{16 \cdot F^2 \cdot (k \cdot \sigma_{SB} \cdot B \cdot T_d^5)^{1/2}}{A_d^{1/2} \cdot \dfrac{\partial M_e(\lambda_1 - \lambda_2, T)}{\partial T}} \quad \cdots\cdots\cdots\cdots\cdots\cdots\cdots (3\text{-}56)$$

となる [4]。式 (3-55) と式 (3-56) では、検出器と周囲の温度が同じと考えている。両者の温度が異なっている場合の背景揺らぎ雑音限界比検出能 D^*_{BF} は、

$$D^*_{BF} = [\frac{1}{8k\sigma_{SB}(T_d^5 + T_s^5)}]^{1/2} \quad \cdots\cdots\cdots\cdots\cdots\cdots\cdots\cdots\cdots\cdots\cdots (3\text{-}57)$$

で、背景揺らぎ雑音限界雑音等価温度差 $NETD_{BF}$ は、

$$NETD_{BF} = \frac{8 \cdot F^2 \cdot [2 \cdot k \cdot \sigma_{SB} \cdot B \cdot (T_d^5 + T_s^5)]^{1/2}}{A_d^{1/2} \cdot \frac{\partial M_e(\lambda_1 - \lambda_2, T)}{\partial T}} \quad \cdots\cdots\cdots\cdots\cdots\cdots (3\text{-}58)$$

となる[4)]。

図 3-29 に式 (3-54) と式 (3-56) を用いて計算した非冷却 IRFPA の温度揺らぎ雑音限界 NETD と背景揺らぎ雑音限界 NETD の熱コンダクタンスと画素ピッチ依存性を示す。この特性は、図中に示した設計パラメータを用いて計算している。このグラフの横軸は支持構造の熱コンダクタ

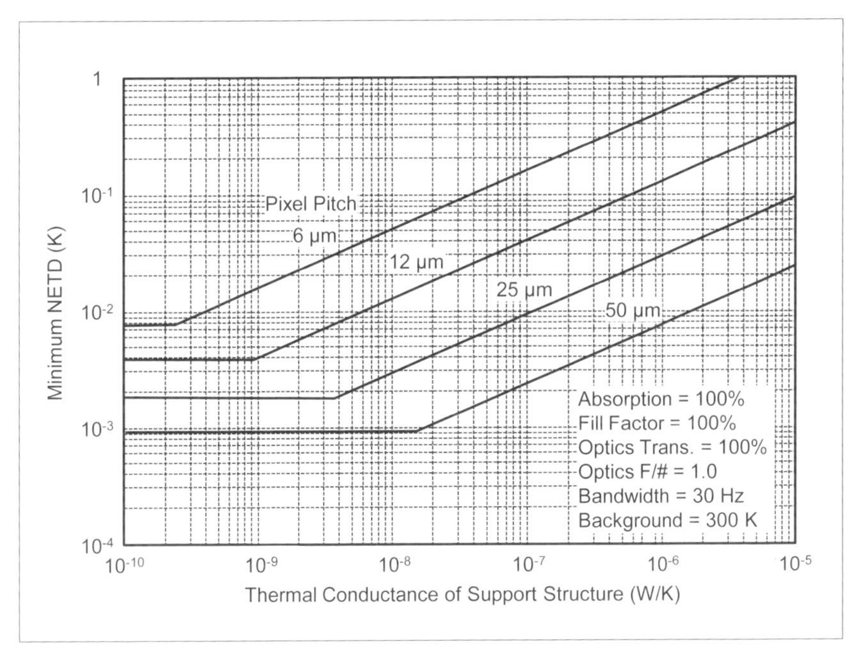

〔図 3-29〕非冷却 IRFPA の NETD の理論限界

ンスで、グラフはそれぞれの画素ピッチ世代における最低NETD（最も高い性能）を示しており、このグラフより上（大きなNETD）が実現可能な性能である。正確には、温度揺らぎ雑音限界NETDから背景揺らぎ雑音限界NETDへの移行領域は、両者の特性を滑らかな曲線で結んだ形になるが、図3-29ではそれぞれの領域が明確になるよう、二つの特性を直線で延長して作成している。

支持構造の熱コンダクタンスが大きな領域ではNETDの限界は熱コンダクタンスの平方根に比例して減少し、放射による揺らぎが支配的になる領域ではNETDの理論限界は一定となる。NETDの理論限界は画素ピッチが小さくなると大きくなり、放射揺らぎが支配的になる領域も左側にシフトしていく。図3-29に示す限界は、受光部の熱エネルギーの授受の揺らぎのみを考慮したものであり、実際には温度センサが発生する雑音が付加される。これまで開発された非冷却IRFPAのNETDは、画素ピッチ縮小しても50 mK（@ F/1）を維持しているが、理論限界と実現されている性能の差（余裕）は、画素ピッチ世代が進むにつれて厳しくなってきていることがわかる。

第4章

強誘電体IRFPA

４－１　強誘電体赤外線検出器の動作

図 4-1 に強誘電体材料の自発分極（spontaneous polarization）P_S と誘電率（dielectric constant）ε の典型的な温度依存性を示す[1)]。自発分極は、温度の上昇とともに小さくなり、キュリー温度 T_C で消失する。焦電係数（pyroelectric coefficient）p_{pyro} は、温度に対する自発分極の変化率で、

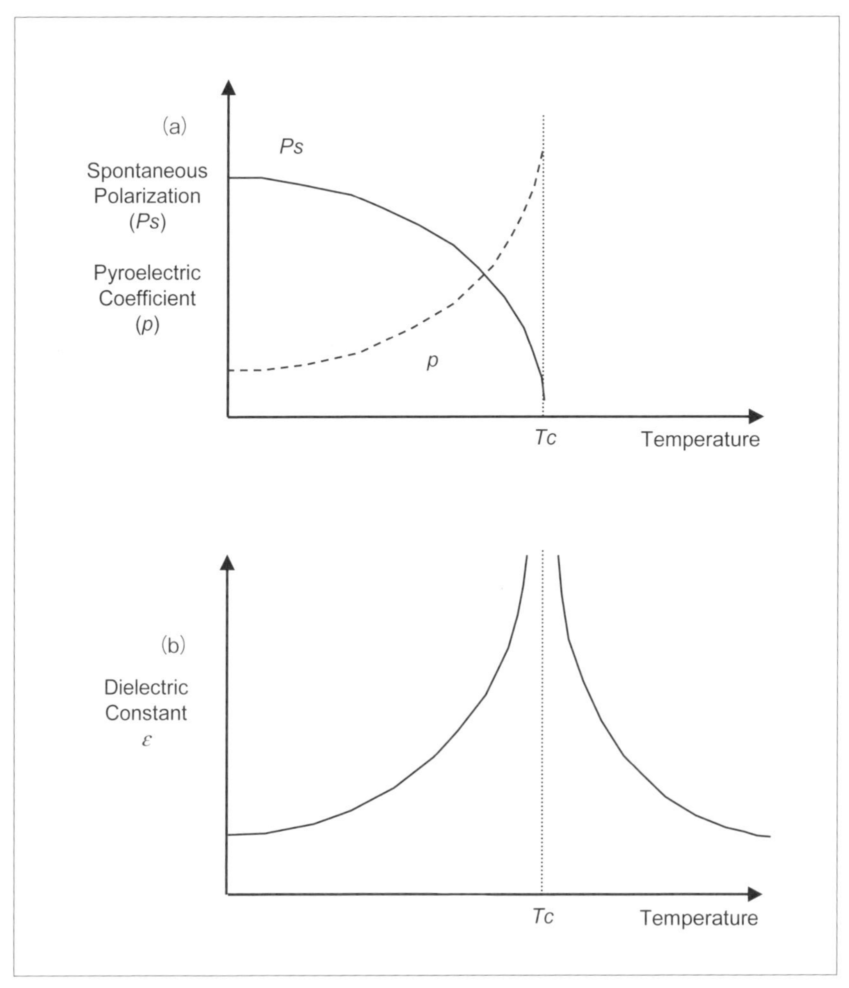

〔図 4-1〕強誘電体の自発分極と誘電率の温度依存性

$$p_{pyro} = \frac{\partial P_S}{\partial T} \qquad \cdots\cdots (4\text{-}1)$$

で定義される。図 4-1 に示すように、焦電係数は温度の上昇とともに大きくなる。

焦電赤外線検出器は、自発分極の温度依存性を利用したもので、外部バイアスなしで動作する。焦電係数の大きな強誘電体は感度が高い。こうした観点からは、焦電赤外線検出器はできるだけキュリー温度に近い温度で動作させることが好ましいが、高温で誘電損失が大きくなり性能が劣化するので、キュリー温度と比べ十分に低い温度で動作させることが一般的である。

誘電ボロメータ赤外線検出器は、自発分極の温度依存性とキュリー温度付近での誘電率の温度依存性の両方を利用した検出器であり、動作温度をキュリー温度付近に制御して動作させる必要がある。このモードで動作する検出器は、バイアス電圧を印加することで実効的な焦電係数を大きくすることができる。電界で増大された実効的な焦電係数 p_{FE} は、

$$p_{FE} = p_{pyro} + \int_0^E \frac{\partial \varepsilon}{\partial T} dE \qquad \cdots\cdots (4\text{-}2)$$

となる [14)]。ここで E は印加された電界の強さである。

強誘電体材料を絶縁体として用いたキャパシタを考える。ΔT_d の温度の変化が生じると、キャパシタを接続した外部回路には信号電流 I_S が流れる。I_S は、

$$I_S = p_{pyro} \cdot A_d \cdot \frac{d(\Delta T_d)}{dt} \qquad \cdots\cdots (4\text{-}3)$$

となり、式 (3-38) を用いて信号電流の実効値 I_{Srms} を求めると、

$$I_{Srms} = \frac{p_{pyro} \cdot \omega \cdot A_d \cdot \Delta P_0}{\sqrt{2} \cdot G_T \cdot (1 + \omega^2 \cdot \tau_T{}^2)^{1/2}} \qquad \cdots\cdots (4\text{-}4)$$

となる[3]。

強誘電体材料を絶縁体としたキャパシタは、

$$R_{loss} = \frac{1}{\omega \cdot C_E \cdot \tan\delta} \quad \cdots\cdots \quad (4\text{-}5)$$

で与えられる損失抵抗を持っている[3]。ここで、C_E は素子のキャパシタンス、$\tan\delta$ は損失正接（loss tangent）、δ は損失角（loss angle）である。強誘電体赤外線検出器に繋がる増幅器の入力抵抗を R_a とすると、信号電流は R_a と R_{loss} の並列回路を流れることになる。並列抵抗 R_p は、

$$R_p = \frac{R_a \cdot R_{loss}}{R_a + R_{loss}} \quad \cdots\cdots \quad (4\text{-}6)$$

である。R_p を用いると、出力電圧の実効値 V_{Srms} は、

$$V_{Srms} = \frac{I_{Srms} \cdot R_p}{(1+\omega^2 \cdot \tau_E{}^2)^{1/2}} = \frac{p_{pyro} \cdot \omega \cdot A_d \cdot \Delta P_0 \cdot R_P}{\sqrt{2} \cdot G_T \cdot (1+\omega^2 \cdot \tau_E{}^2)^{1/2} \cdot (1+\omega^2 \cdot \tau_T{}^2)^{1/2}} \quad \cdots \quad (4\text{-}7)$$

となる[3]。ここで、τ_E は電気的な時定数で、

$$\tau_E = R_P \cdot C_E \quad \cdots\cdots \quad (4\text{-}8)$$

で定義される[3]。

式 (4.8) より、強誘電体赤外線検出器の電圧感度 R_V は、

$$R_V = \frac{p_{pyro} \cdot \omega \cdot A_d \cdot R_p}{\sqrt{2} \cdot G_T \cdot (1+\omega^2 \cdot \tau_E{}^2)^{1/2} \cdot (1+\omega^2 \cdot \tau_T{}^2)^{1/2}} \quad \cdots\cdots \quad (4\text{-}9)$$

となる[3]。$\tau_E > \tau_T$ と仮定すると、低周波領域では、電気的な特性を反映して感度は周波数とともに増大し、飽和したのち、高周波領域では、熱的な特性を反映して周波数の増大とともに減少する特性を示す。

強誘電体赤外線検出器の雑音 V_{NF} は、損失抵抗の発生するジョンソン雑音で、

$$V_{NF} = (\frac{k \cdot T_d}{\omega \cdot C_E \cdot \tan\delta})^{1/2} \quad \cdots\cdots\cdots\cdots \quad (4\text{-}10)$$

である[3)]。強誘電体赤外線検出器の場合、雑音は白色にはならず、画素キャパシタと損失抵抗からなる等価回路の応答にしたがった周波数依存性を持つ。

4－2　ハイブリッド強誘電体 IRFPA

ハイブリッド構造の強誘電体非冷却 IRFPA の開発は、1970 年代に始まっているが、この種のデバイスが有用であることが示されるまで長い時間を要した。1992 年、Hanson 等は、245×328 画素のハイブリッド構造非冷却 IRFPA で注目すべき結果を報告した[14)]。彼らの開発した非冷却 IRFPA の画素構造を図 4-2 に示す[14, 67-69)]。この素子に使用されている強誘電体は BST セラミックである。

この画素構造の作製は、最初に BST ウエハをレーザで画素分離するレーザーレティキュレーション（laser reticulation）工程から始まる。画素ピッチは 48.5 μm で、画素間の分離領域の幅は 10 μm である。この画素分離により、画素間の熱拡散が小さくなるようにしている。レーザーレティキュレーション工程の後、パリレンで画素間の隙間を埋めて平坦化し、共通電極（IR absorber & common electrode）を形成する。その後、BST ウエハを 25 μm まで研磨して薄くし、ハイブリッド接合用の電極（backside contact）を形成した後、埋め込み用のパリレンを除去する。ハ

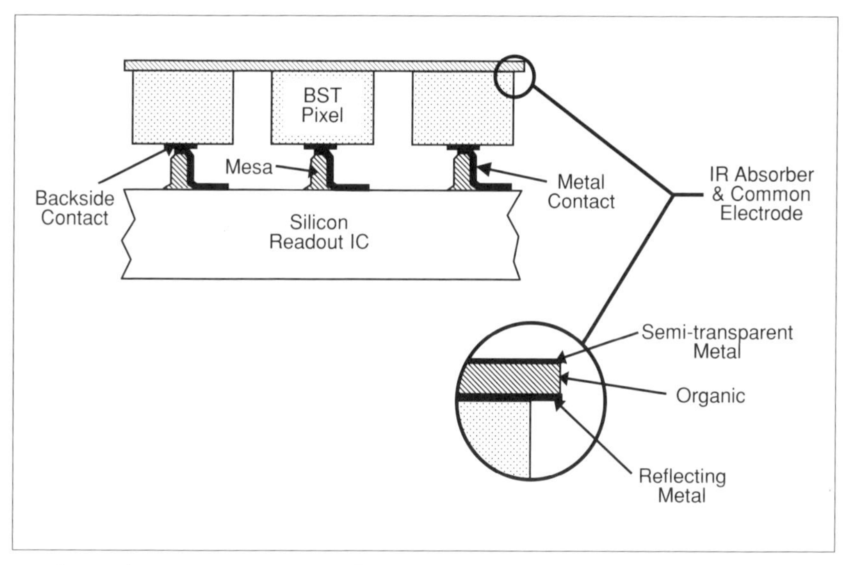

〔図 4-2〕BST を用いたハイブリッド強誘電体非冷却 IRFPA の画素構造

イブリッド接合用の電極は、有機物メサ（mesa）構造上の薄膜金属配線（metal contact）に接合されており、薄膜金属配線がROICと接続している。赤外線吸収は、図4-2に挿入した拡大図の1/4波長干渉吸収構造で行なっている。この有機メサ構造を用いたハイブリッド構造の熱コンダクタンスは、金属バンプを用いたものに比べ非常に小さくでき、感度が改善された。

図4-3にHanson等が開発したBSTの自発分極と比誘電率（relative dielectric constant）の温度依存性を示す[14)]。この図から、このBST材料は、室温付近で誘電ボロメータとして動作させるのに適した材料であることがわかる。図4-4に有機メサ構造を持ったハイブリッド非冷却IRFPAの画素の電子顕微鏡写真を示す[69)]。また、図4-5にこのハイブリッド非冷却IRFPAの信号読出回路構成を示す。画素には、ハイパスフィルタ、高利得アンプ、ローパスフィルタ、バッファアンプ、選択スイッチが集積されている。この非冷却IRFPAのNETDは、F値が1の光学系を用

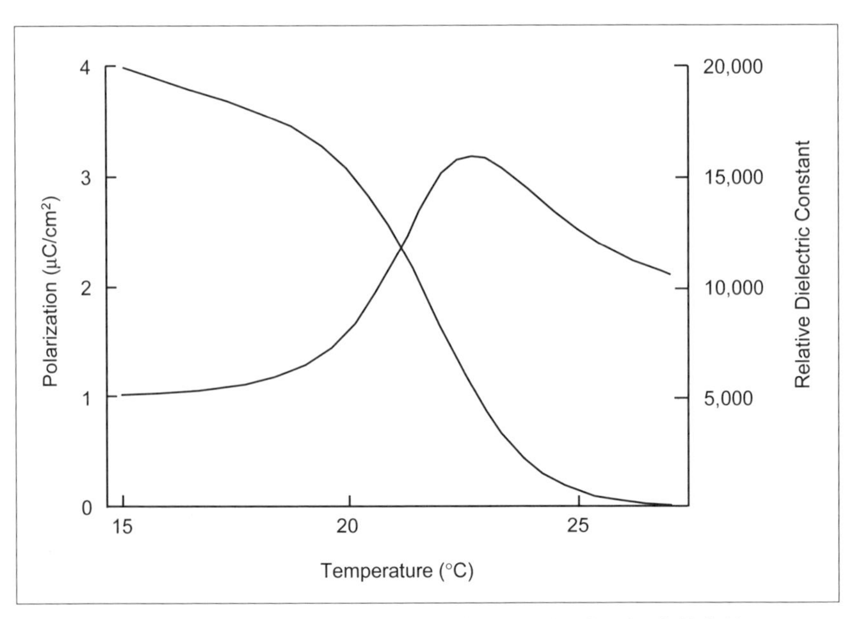

〔図4-3〕BSTセラミックの自発分極と比誘電率の温度依存性

いた場合、80 mK と報告されている[14]。

図 4-6 に示すハイブリッド構造は Watton 等によって開発されたもので、強誘電体材料としては、PST（lead scandium tantalite）が用いられている[70]。BST 非冷却 IRFPA と同様、強誘電体ウエハは、ホットプレスしたセラミックブロックから切り出し、10 ～ 15 μm の厚さに研削研磨される。また、画素間は、レーザを利用したエッチングプロセスでレティキュレーション加工されている。この構造では、バンプ径を縮小するとともに、熱伝導率の小さなポリマー層（polymer isolation）で断熱性を確保している。彼等は、この技術を使って画素ピッチ 100 μm の 100 × 100 画素、画素ピッチ 56 μm の 256 × 128 画素、画素ピッチ 40μm の 348 × 288 画素の強誘電体非冷却 IRFPA を開発している[71,72]。

この開発の中で、3 点画像処理アルゴリズム（three-point image-difference processing algorithm）[72] とマイクロスキャンチョッパー（microscan chopper）技術[71]が開発された。3 点画像処理アルゴリズムは、画素ノードのリークによる出力上昇をなくし、熱ドリフトを低減するのに効果がある。マイクロスキャンチョッパーは、チョッパーブレード上

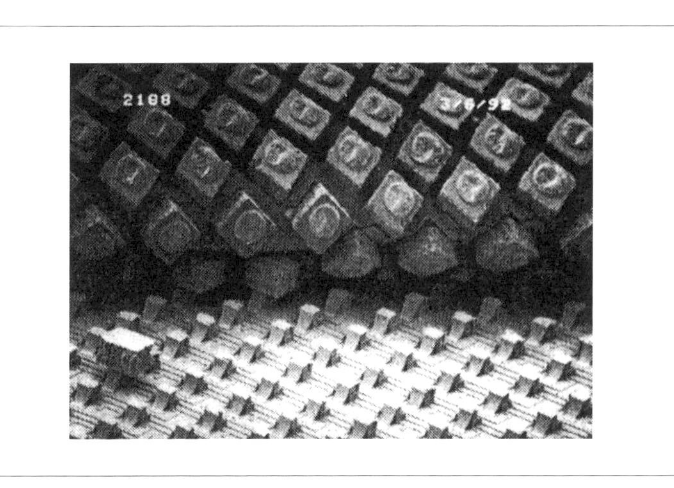

〔図 4-4〕BST を用いたハイブリッド強誘電体非冷却 IRFPA の電子顕微鏡写真（ハイブリッド接合されたものを引き剥がして、ROIC 上の構造を見えるようにした状態）

の Ge 板で IRFPA 上の画像の微小移動（空間サンプリング位置の移動）を行い、解像度の改善する技術である。

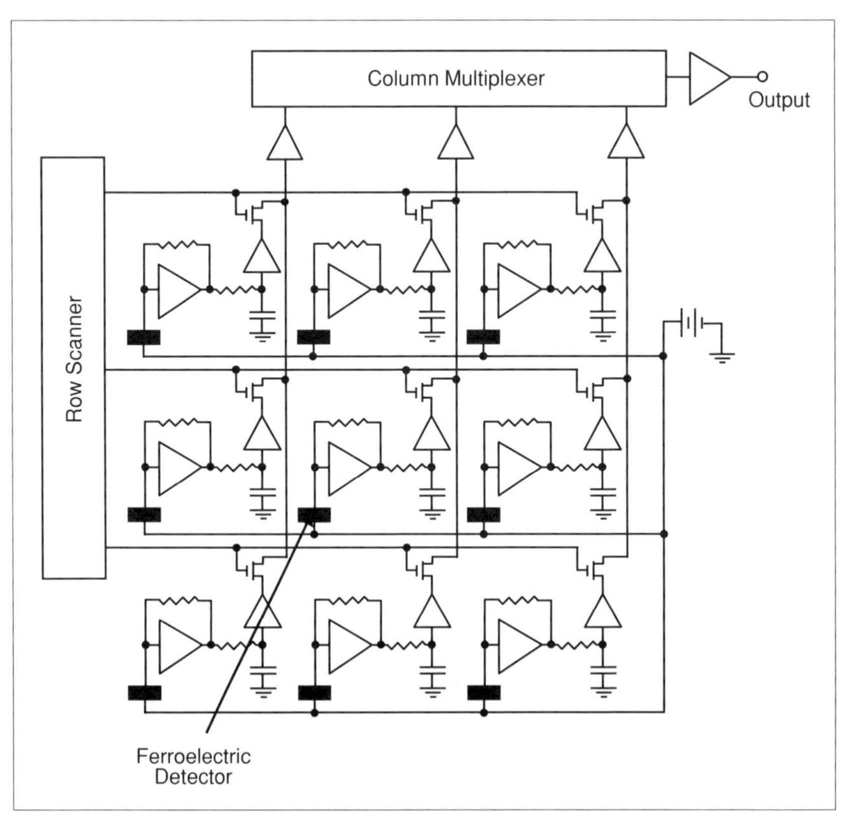

〔図 4-5〕強誘電体非冷却 IRFPA の信号読出回路構成

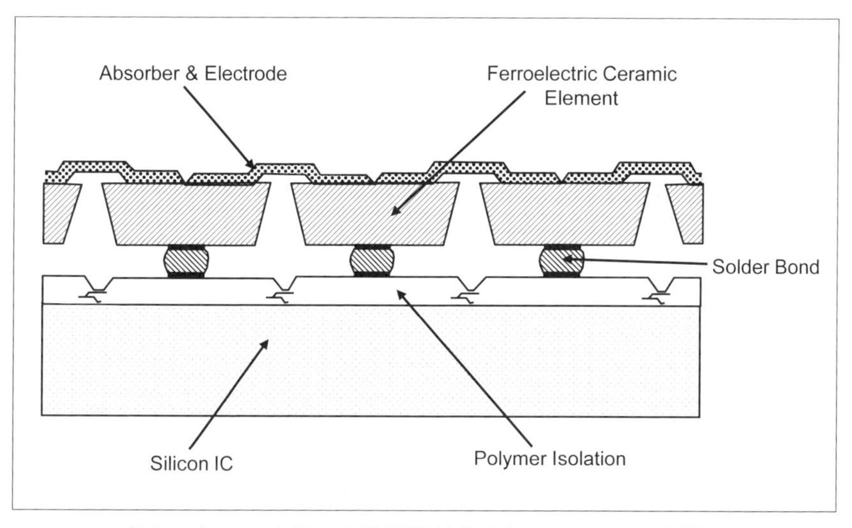

〔図 4-6〕PST を用いた強誘電体非冷却 IRFPA の画素構造

4－3　薄膜強誘電体モノリシック IRFPA

有機メサ構造は、ハイブリッド構造の熱コンダクタンスを 4×10^{-6} W/K まで改善し、F 値が 1 の光学系で 100 mK 以下の NETD を達成できるようになった。この成果は、ハイブリッド強誘電体非冷却 IRFPA の実用化に繋がり、1990 年代に赤外線イメージング民需市場の開拓で重要な役割を果たした。しかし、ハイブリッド構造をさらに改善しても、1×10^{-6} W/K 以下の熱コンダクタンスを実現することは難しく[73]、生産性向上と低コスト化も難しかった。

一方、ハイブリッド BST 強誘電体非冷却 IRFPA と同時期に発表され、MEMS 技術で作製された抵抗ボロメータ非冷却 IRFPA の熱コンダクタンスは、ハイブリッド構造の限界より 1 桁以上小さかった。さらに、抵抗ボロメータ非冷却 IRFPA はモノリシック構造のデバイスであり、ハイブリッド構造のデバイスに比べ、画素ピッチ縮小、低コスト化、量産性という観点で優位性を有していた。抵抗ボロメータ非冷却 IRFPA の成功に刺激され、強誘電体方式でも TFFE（thin-film ferroelectric）や集積化誘電ボロメータ（integrated ferroelectric bolometer）と呼ばれるモノリシック非冷却 IRFPA の開発が活発に行われた[70, 72-79]。ハイブリッド方式に比べ、モノリシック強誘電体非冷却 IRFPA は、強誘電体ウエハの加工工程（カッティング、薄板化、研磨）が不要になること、バンプ接合工程が不要なこと、画素間の熱拡散を防ぐためのレティキュレーションが不要なこと、最終工程までウエハレベルの加工ができること、マイクロブリッジ構造で高い断熱性能が達成できることなどの利点がある。

図 4-7 は、Belcher 等によって開発された TFFE 画素構造である[73]。この構造では、底面に一つ、上面の二つの電極があり、キャパシタが直列接続された構成となっているので、静電容量は上下面に 1 つずつの電極を持つ場合の 1/4 になる。電極は赤外線に対して透明であり、Si 読出回路上に形成された反射膜とともに干渉吸収構造を形成している。強誘電体材料である PST はスピンコートされた溶液を有機金属分解（metal organic decomposition: MOD）することで成膜されている。この素子は、動作温度に対する要求を緩和するため、誘電ボロメータではなく焦電モ

ードで動作させるよう設計されている。

英国の研究チームは、上部、下部電極をそれぞれ１枚としてキャパシタを形成したモノリシック強誘電体非冷却IRFPAを開発した[70, 72, 76]。彼等の素子も焦電モードで動作する。選択された強誘電体材料はゾルゲル（sol-gel）法で成膜されたPZT（lead zirconate titanate）とスパッタ（suputtering）法で形成されたPSTである。ゾルゲル法は、有機金属プリカーサーを熱分解する液相化学成膜（liquid phase chemical deposition）プロセスである。PZTの場合、プリカーサー溶液をTi/Pt電極の上に何度かスピンコートして適切な膜厚を得た後、500℃で熱処理してペロブスカイト相（perovskite phase）の強誘電体薄膜を得る。PSTのスパッタは、金属ターゲットを装着したデュアルマグネトロンシステムを使って、

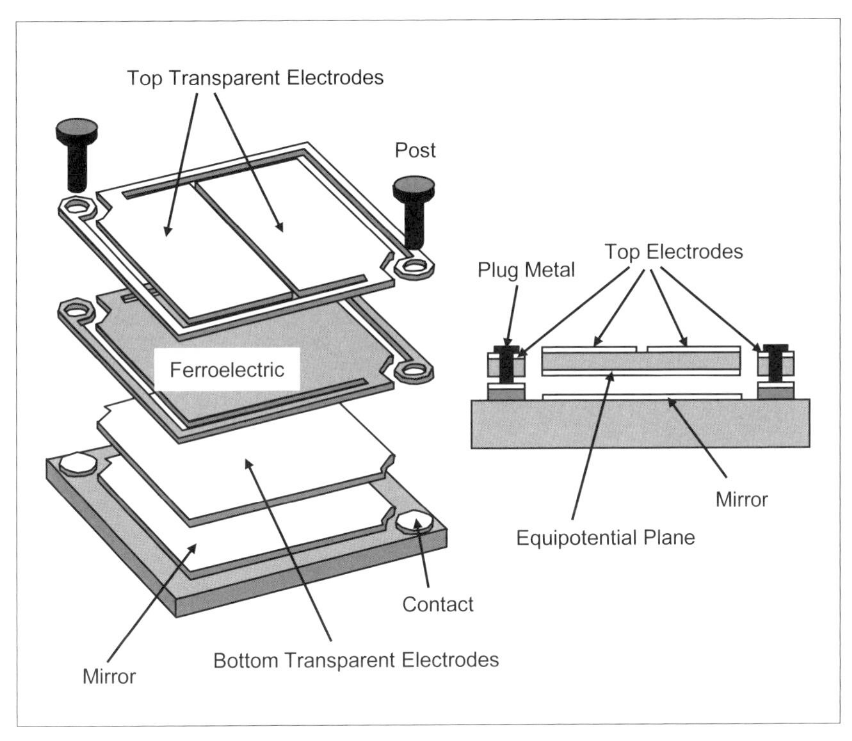

〔図 4-7〕モノリシック TFFE 非冷却 IRFPA の画素構造

基板温度525℃で蒸着する。強誘電体膜の特性は、高温で熱処理するほどよくなるが、Si信号読出回路の耐熱性が問題になるため、短時間で熱処理できる高速熱アニール（rapid thermal anneal）やレーザアニール（laser annealing）が検討された[76]。詳細な検討の結果、酸素の少ない雰囲気ではSi信号読出回路の耐熱性が向上することが見出されたが、許される処理温度範囲では抵抗ボロメータ非冷却IRFPAの性能を凌ぐモノリシック強誘電体非冷却IRFPAを実現することはできなかった。そのため、英国チームは図4-8に示す構造の強誘電体非冷却IRFPAを提案している[76]。

この構造は、Si基板の上面にマイクロブリッジ構造の検出器を形成し、基板を貫通する配線で裏面に形成したバンプに信号を取り出し（microbridge arrayとinterconnection waferで示した構造）、別のSi信号読出回路チップ（silicon ROIC）とハイブリッド接合するものである。この構造では、検出器を形成したチップ側には回路部品が存在しないので、高温熱処理が可能で、強誘電体薄膜の性能が向上する。

図4-9は、BSTを用いたモノリシック強誘電体非冷却IRFPAの画素構

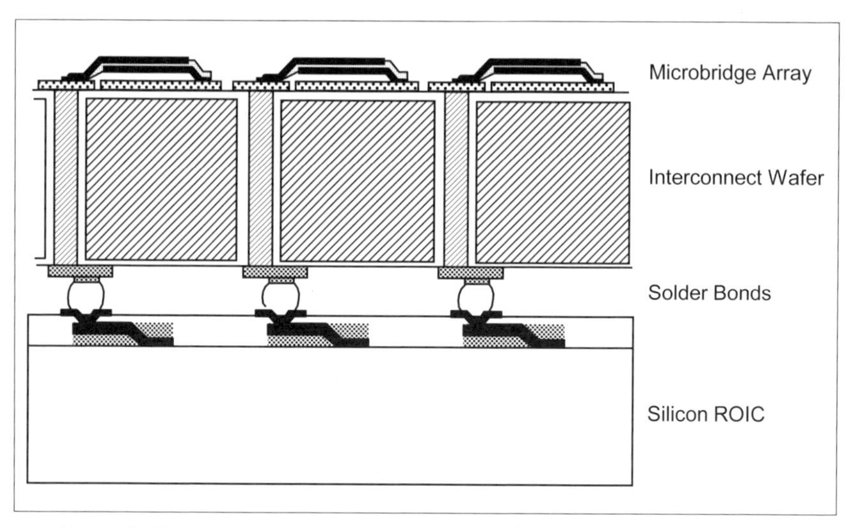

〔図4-8〕基板貫通配線構造を持った強誘電体非冷却IRFPAの画素構造

造である[77]。この構造では、裏面からSi基板をエッチングすることで断熱された薄膜構造を作製している。図のような垂直壁面を持つ空洞は、(110) 結晶面SiをTMAH (tetramethl ammonium hydroxide) 溶液で異方性エッチングすることで形成している。BSTは、PLD (pulsed laser deposition) 法とMOD法で成膜している[78]。BSTをPLD法で成膜することで、520℃という比較的低温で結晶品質のすぐれた薄膜が得られることを確認している。しかし、PLD法は、大きな面積の基板上に均一な膜を成膜することが難しいという欠点を有しており、生産には不向きである。一方、MOD法では大面積成膜が可能であるが、スピンコートされた薄膜を結晶化する温度は600～800℃と高い。PLD法とMOD法で作製された画素ピッチ200 μmの小規模なリニアアレイが作製され、誘電率の温度変化0.5%/K、感度100 V/Wが得られたと報告されている。このリニアアレイは、画素回路に逆相で駆動される二つのキャパシタを持った回路形式をとっている。

もう一つのモノリシック強誘電体非冷却IRFPAは、エレクトロスプレー (electrospray) 法で成膜したPVDF (polyvinlidene fluoride) を用いたものである[79]。この非冷却IRFPAも焦電モードで動作する。エレクト

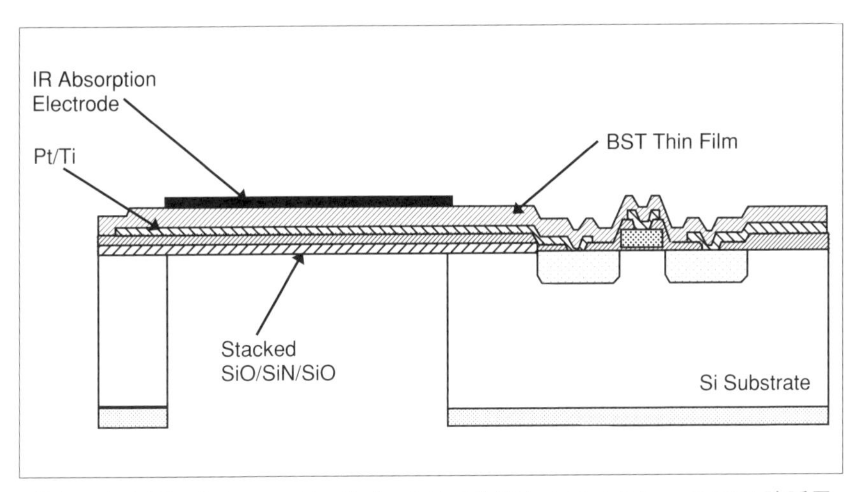

〔図4-9〕裏面からのエッチングプロセスで作製したモノリシックBST強誘電体非冷却IRFPAの画素構造

ロスプレー法では、有機溶媒中に溶けたPVDFを高電圧で帯電させ、帯電したPVDF液滴を電界の力で基板に到達させる。ほとんどの有機溶媒は、移動中に蒸発し、PVDFのみが基板に蒸着される。図4-10にモノリシックPVDF強誘電体非冷却IRFPAの画素構造を示す。薄膜検出器は、700 nmの厚さのシリコン酸化膜支持構造で支えられており、下部電極はSi LSIプロセスで用いられているTi/TiN膜である。EDP（ethylenediamine pyrocatechol）によるバルクマイクロマシニングプロセスで基板内に空洞を形成し、最後に金ブラック上部電極を形成する。この上部電極が赤外線吸収層の役目も果たしている。この技術で、画素ピッチ75 μmの16×16画素の非冷却IRFPAが開発され、R_V=6600 V/W、D^*=1.6×10^7 cm·$Hz^{1/2}$/W、$NETD$=0.15 K（@F/1.0, 1 fps）という性能が報告されている。

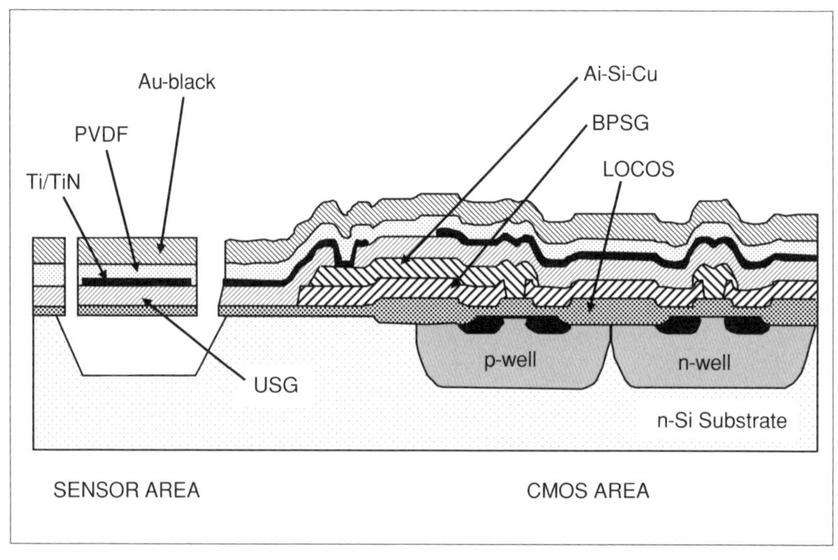

〔図4-10〕エレクトロスプレー法で作製したモノリシックPVDF強誘電体非冷却IRFPAの画素構造

第5章

抵抗ボロメータIRFPA

５－１　抵抗ボロメータ赤外線検出器の動作

抵抗ボロメータは､電気抵抗の温度依存性を利用して温度を計測する｡抵抗ボロメータの最も重要な性能指標はTCRで、

$$\alpha_{TCR} = \frac{1}{R_B} \cdot \frac{dR_B}{dT} \quad \cdots\cdots (5\text{-}1)$$

で定義される。ここで、R_B はボロメータの抵抗である。抵抗ボロメータ方式の非冷却IRFPAには、金属と半導体いずれも使用することができる。

金属の抵抗は、高温におけるキャリアの散乱の増加（移動度の低下）を反映して、温度が上昇すると大きくなり、

$$R_B = R_{B0}[1 + \gamma \cdot (T - T_0)] \quad \cdots\cdots (5\text{-}2)$$

で表すことができる。ここで、R_{B0} は、温度 T_0 における抵抗値で、γ は定数である。式（5-1）のTCRの定義にしたがうと、金属ボロメータのTCRは、

$$\alpha_{TCR} = \frac{\gamma}{1 + \gamma \cdot (T - T_0)} \quad \cdots\cdots (5\text{-}3)$$

となり､正の値をとる｡金属ボロメータのTCRは 10^{-3} /Kオーダーである｡

一方、半導体ボロメータは負のTCRを持ち、温度の上昇とともに抵抗が減少する。半導体ボロメータが負のTCRを持つのは、半導体抵抗の温度依存性を決めているキャリア密度と移動度が、温度の上昇とともに増大するためである。半導体の抵抗値は、

$$R_B = R_{B0} \cdot \exp[\beta \cdot (\frac{1}{T} - \frac{1}{T_0})] \quad \cdots\cdots (5\text{-}4)$$

と表すことができる。ここで、β は定数である。したがって、半導体ボロメータのTCRは、

$$\alpha_{TCR} = -\frac{\beta}{T^2} \quad \cdots\cdots (5\text{-}5)$$

となる。半導体ボロメータの TCR は金属に比べ 1 桁程度大きい。

式 (5-3) と式 (5-5) は、TCR が温度依存性を有することを示しているが､赤外線を受光することによる受光部の温度変化は非常に小さいので、非冷却 IRFPA の設計においては TCR を一定と考えて設計を行ってもいい。

抵抗ボロメータを定電流駆動した場合、抵抗値は抵抗両端に発生する電圧降下から測定することができる。赤外線吸収により検出器の温度が ΔT_d 変化し、その結果、抵抗ボロメータの抵抗が ΔR_B だけ変化したとすると、信号電圧 ΔV_S は、

$$\Delta V_S = I_B \cdot \Delta R_B = I_B \cdot \alpha_{TCR} \cdot R_B \cdot \Delta T_d \quad \cdots\cdots (5\text{-}6)$$

で与えられる。ここで、I_B はボロメータを流れるバイアス電流である。第 3 章の熱バランスの議論に従うと、定電流駆動された抵抗ボロメータの感度は、

$$R_V = \frac{I_B \cdot \alpha_{TCR} \cdot R_B}{G_T \cdot (1 + \omega^2 \cdot \tau_T{}^2)^{1/2}} \quad \cdots\cdots (5\text{-}7)$$

となる。

抵抗ボロメータでは、温度揺らぎ雑音と背景揺らぎ雑音に加えてジョンソン雑音 (Johnson noise) と 1/f 雑音 (1/f noise) という二つの雑音が発生する。ジョンソン雑音 V_{NJ} は、導体中のキャリアのランダムな運動に起因した雑音で、

$$V_{NJ} = (4 \cdot k \cdot T_d \cdot R_B \cdot B)^{1/2} \quad \cdots\cdots (5\text{-}8)$$

である。また、1/f 雑音 V_{Nf} は、

$$V_{Nf} = \sqrt{\frac{(I_B \cdot R_B)^2 \cdot n}{f}} \quad \cdots\cdots (5\text{-}9)$$

と表すことができる[3]。ここでnは1/f雑音パラメータである。

式(5-7)に示すように、抵抗ボロメータ非冷却IRFPAの感度は、バイアス電流、TCR、ボロメータ抵抗に比例する。非冷却IRFPAでは、ボロメータ抵抗は信号読出回路との整合性を考慮して決められる。TCRは材料に依存しており、TCRが大きく、適当な抵抗率を持ち、1/f雑音の小さな材料を見つけることは大変難しい。非冷却IRFPAに採用されている抵抗ボロメータ材料のTCRは0.02～0.03 /Kで、抵抗ボロメータ非冷却IRFPAの開発が始まってから今日に至るまで大きな改善はみられていない。バイアス電流を増加させることも感度改善手法の一つであるが、この手法では自己発熱破壊と1/f雑音増加のリスクがある[80]。

ここで、通電加熱について考える。抵抗ボロメータの抵抗値の変化は電流を流して計測するが、通電により発生するジュール熱により受光部が加熱される。通常、ジュール熱による受光部の温度変化は、赤外線吸収による温度変化より大きい。半導体抵抗ボロメータは負のTCRを持っており、通電加熱により抵抗ボロメータは抵抗値が小さくなると電流が増加する。電流値が小さい場合には最終的に電流は一定値に収束し安定するが、電流を大きくすると、温度上昇→抵抗減少→電流増大→温度上昇…の連鎖が正帰還となり、電流と温度は収束することなく増大し、最終的にはボロメータ抵抗は破壊する。

画素に電流を流してジュール熱を発生させた場合の熱平衡方程式は、

$$C_H \cdot \frac{dT_d}{dt} = \Delta P_d + I_B{}^2 \cdot R_B(T_d) - G_T \cdot (T_d - T_s) \quad \cdots\cdots (5\text{-}10)$$

となる。右辺第2項はジュール発熱の項である。定常状態で右辺第2項がΔP_dに比べ大きいと考えると、

$$G_T \cdot (T_d - T_s) = I_B{}^2 \cdot R_B(T_d) = I_B \cdot V \quad \cdots\cdots (5\text{-}11)$$

となる。ここで V はボロメータ両端の電圧である。上式を T_d について解くと、

$$T_d = T_s + \frac{I_B \cdot V}{G_T} \quad \cdots\cdots (5\text{-}12)$$

が得られる。半導体ボロメータの抵抗は、式 (5-4) で与えられるのでボロメータ両端の電圧 V は、

$$V = I_B \cdot R_B(T_d) = I_B \cdot R_{B0} \cdot \exp(-\frac{\beta}{T_0}) \cdot \exp(\frac{\beta}{T_d}) \quad \cdots\cdots (5\text{-}13)$$

となる。この式に式 (5-12) を代入して、

$$V = I_B \cdot R_{B0} \cdot \exp(-\frac{\beta}{T_0}) \cdot \exp(\frac{\beta}{T_s + \frac{I_B \cdot V}{G_T}}) \quad \cdots\cdots (5\text{-}14)$$

が得られる。ボロメータ抵抗両端の電圧と流れる電流は式 (5-14) を満たす。この電流－電圧の関係は電流値がある値を超えると負性抵抗（電圧が減少すると電流が増加）の特性を示し、負性抵抗を持った領域では、ボロメータの動作は不安定になり電流暴走が起こる。

５－２　VOx マイクロボロメータ IRFPA

抵抗ボロメータ非冷却 IRFPA は 1980 年代初期の単層構造から始まった。図 5-1 に、単層構造抵抗ボロメータ非冷却 IRFPA の画素構造を示す[4)]。この素子では、抵抗ボロメータ赤外線検出器と信号読出回路は、Si 表面に隣接して形成されている。抵抗ボロメータ赤外線検出器は、バルクマイクロマシニング技術で形成した空洞の上にシリコン窒化膜の支持構造で支えられており、検出器下の Si 基板を除去することで、熱コンダクタンスの低減している。この画素構造の非冷却 IRFPA としては、0.0023 /K の TCR を持った Ni-Fe の抵抗ボロメータを用いた 1×16 画素と 64×128 画素の素子が開発された[4)]。こうした初期の抵抗ボロメータ非冷却 IRFPA は開口率（fill factor）が低かったので、十分な感度が得られず注目されることはなかった。Liddiard も独自に単層構造抵抗ボロメータ非冷却 IRFPA を開発している[81)]。

その後、表面マイクロマシニング技術の進歩により薄膜抵抗ボロメータを信号読出回路上に支えた２層構造の作製が可能になった。Wood 等は、半導体ボロメータ材料を用いて感度の高い２層構造抵抗ボロメータ非冷却 IRFPA を開発した[1, 4, 15, 55, 82)]。図 5-2 に Wood 等が開発した抵抗ボロメータ非冷却 IRFPA の画素構造を示す。この画素では、VOx 抵抗ボロメータ（VOx bolometer）が、シリコン窒化膜のマイクロブリッジ構造

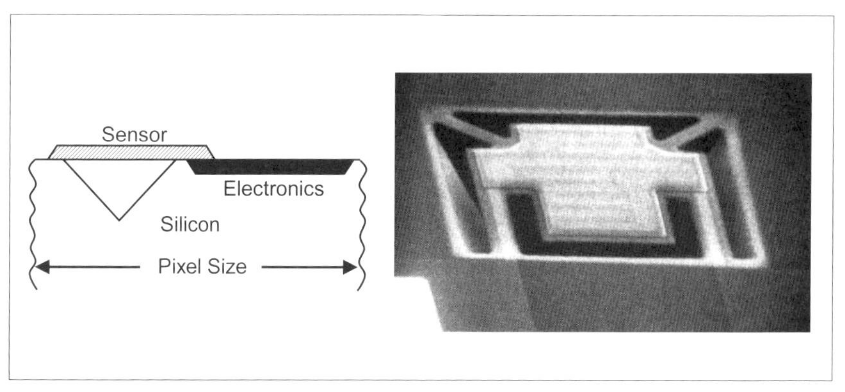

〔図 5-1〕単層抵抗ボロメータ非冷却 IRFPA の画素

上に作製されている。マイクロブリッジの下には信号読出回路（readout circuit）が形成されている。抵抗ボロメータは、支持構造（support leg）内の0.05 μm厚のNi-Cr配線で信号読出回路と電気的に接続されている。赤外線は、マイクロブリッジ上の赤外線吸収層と読出回路上の反射膜（reflector）およびその間の空間（絶縁層）からなる1/4波長干渉吸収構造により吸収される。

VOxは、マイクロブリッジ上にSi信号読出回路の耐熱限界以下の温度で形成することができる。非冷却IRFPAに用いられているVOxのTCRと抵抗率は、それぞれ0.02 /Kと0.1 Ωcm程度である。図5-3と図5-4にVOxの特性を示す[4)]。VOxとTCRと抵抗率は正の相関をもち、VOxで0.02 /Kより大きなTCRを得ることも可能であるが、高い抵抗率のVOx薄膜の1/*f*雑音は高い。また、信号読出回路との整合性を考えるとボロメータの抵抗値を100 kΩ以上にすることは難しい。こうした理由から、現在でも非冷却IRFPAには0.02 /K程度のTCRを持ったVOx薄膜が使用されている。

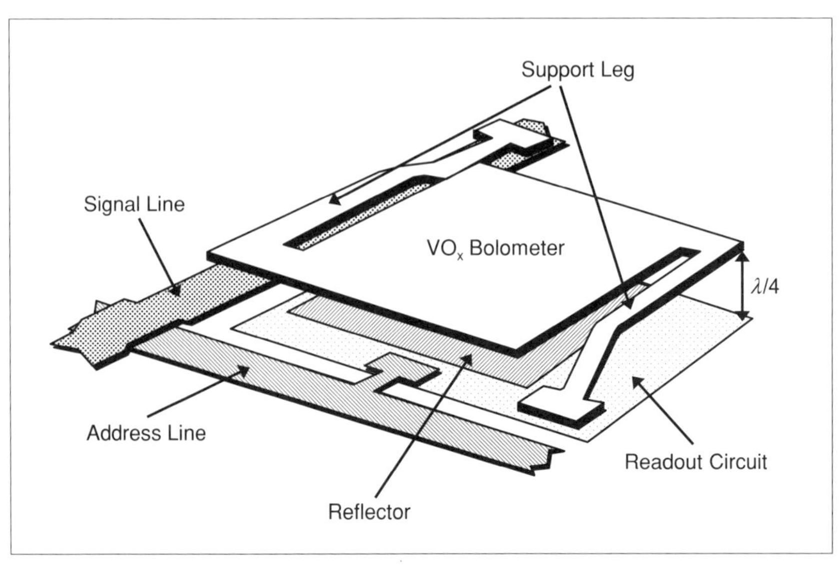

〔図5-2〕2層抵抗ボロメータ非冷却IRFPAの画素構造

図5-5に2層構造抵抗ボロメータ非冷却IRFPAの代表的なMEMSプロセスフローを示す[1)]。Si LSI技術でSi信号読出回路を形成し、表面を平坦化したのち（図5-5（1））、犠牲層（sacrificial layer）を成膜し、リソグラフィにより島状にパターニングする（図5-5（2））。次の工程では、マイクロブリッジ構造の下側の構造となるシリコン窒化膜（Si_3N_4）を成膜し、続いてVOx（resistor）を成膜、パターニングする。次に、信号読出回路と支持構造内の配線を接続するためのコンタクトホールを開口し、金属配線を形成する。さらに、抵抗ボロメータと金属配線をシリコン窒化膜で覆って保護し（図5-5（3））、最後に犠牲層を除去してマイクロブリッジ構造の下に空間を形成する（図5-5（4））。

最後の犠牲層除去（release process）には、マイクロブリッジ構造を残して犠牲層のみを選択的にエッチングするエッチャントを使うので、犠牲層の材料はマイクロブリッジ材料との組み合わせで選定する必要があ

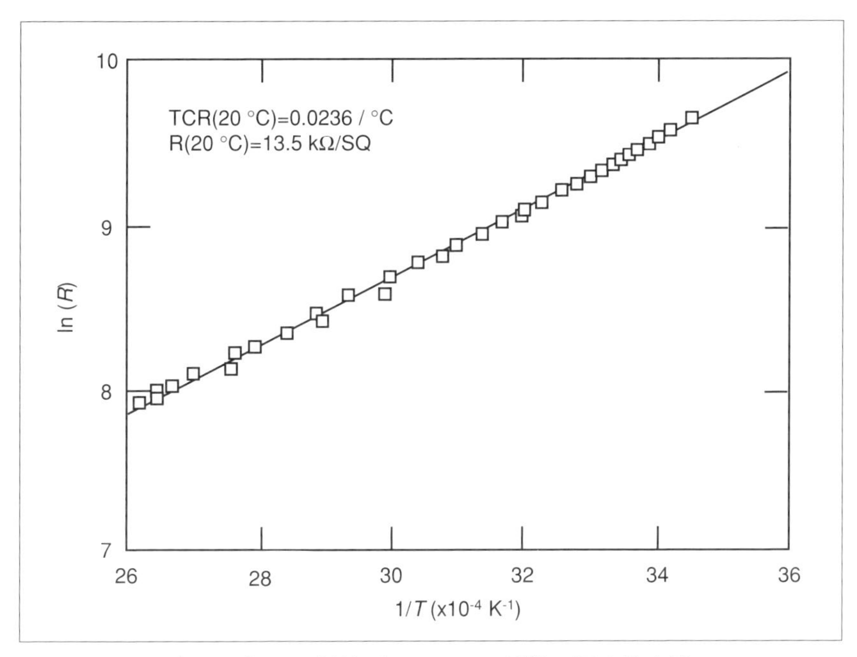

〔図5-3〕VOx抵抗ボロメータの抵抗の温度依存性

る。フッ酸溶液のシリコン酸化膜のエッチングレートはシリコン窒化膜のエッチングレートに比べ圧倒的に早い。こうした特徴を利用して、初期の2層構造抵抗ボロメータ非冷却IRFPAの開発には、マイクロブリッジ構造体にシリコン窒化膜、犠牲層にシリコン酸化膜、犠牲層除去エッチングにフッ酸溶液を使ったプロセスが使われていた。しかし、この犠牲層除去はウエットプロセスであり、乾燥時のスッティッキング(sticking)により歩留が低下する。この問題は、熱コンダクタンスの低減を進めるにしたがってより深刻化した。

この問題を解決するために導入されたのが、有機犠牲層プロセスである。有機犠牲層プロセスでは、犠牲層としてスピンコートされたポリイミド(polyimide)などが用いられる。犠牲層除去は酸素プラズマプロセスを用いて行うことができる。

Wood等は、VOx抵抗ボロメータ技術により240×336画素の非冷却

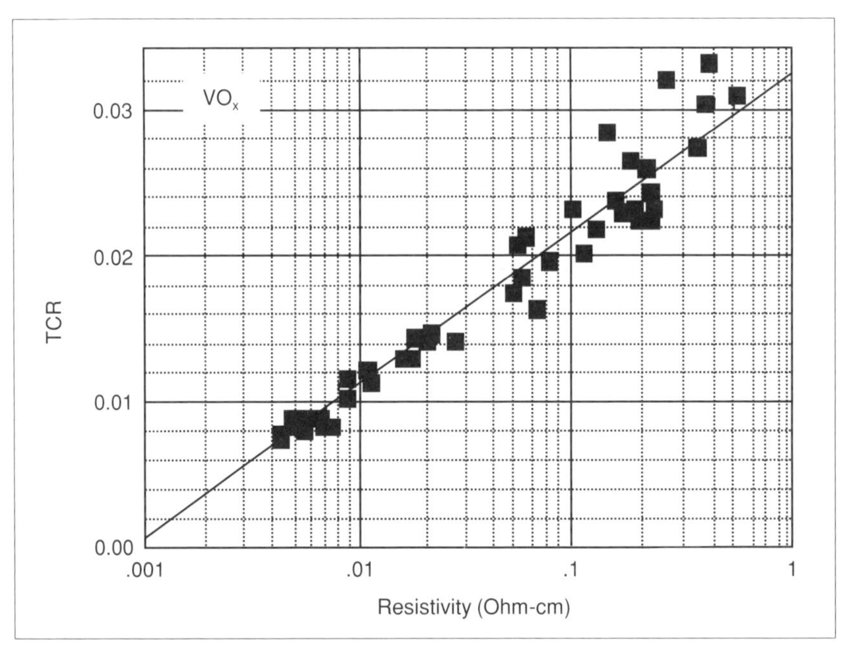

〔図5-4〕VOx抵抗ボロメータのTCRと抵抗率の相関

IRFPAを開発した[55)]。このデバイスでは、2層構造を採用したことで、50 μmのピッチの画素で、開口率70%、熱コンダクタンス2×10^{-7} W/Kを実現している。図5-6に画素の電子顕微鏡写真を示す。この素子では、5 μsのパルス幅のパルス通電をすることで、直流では不可能な250 μAという大きな電流を流し、感度を向上させている。30 fpsのフレームレートで動作させた場合のNETDは39 mK(@ F/1.0)と報告されている。Wood等の成功に刺激され、その後、画素ピッチが50 μmで、画素数が128×128画素から320×240画素の多くのVOx抵抗ボロメータ非冷却IRFPAが開発されている[83-88)]。

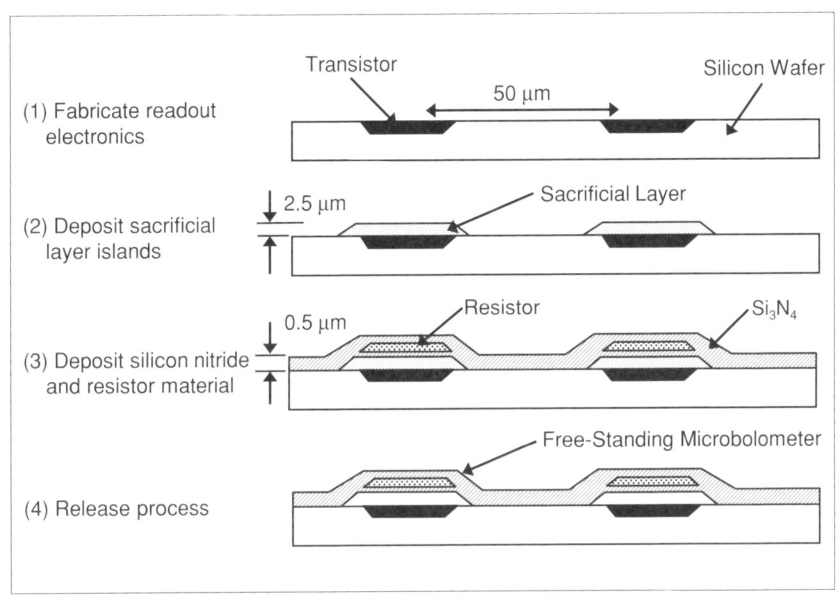

〔図5-5〕2層構造抵抗ボロメータ非冷却IRFPAのMEMSプロセスフロー

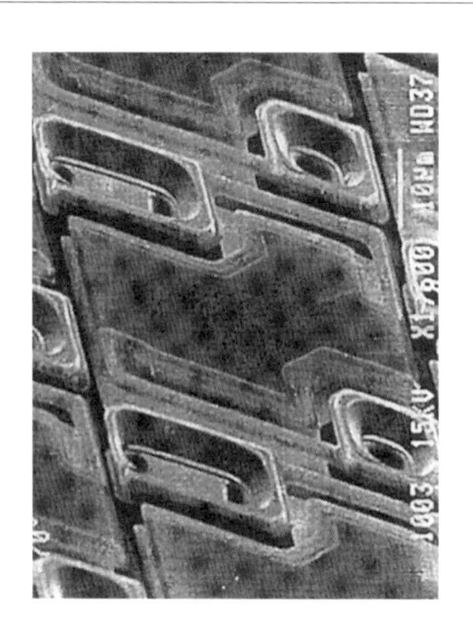

〔図 5-6〕画素ピッチ 50 μm の抵抗ボロメータ非冷却 IRFPA の画素

5－3　その他の材料を用いた抵抗ボロメータ IRFPA

VOx だけが非冷却 IRFPA に用いることができる抵抗ボロメータ材料ではない。これまでに、アモルファス Si（amorphous Si）、アモルファスと多結晶 SiGe、単結晶 Si、Si/SiGe 量子井戸など Si ベースの抵抗ボロメータ材料が非冷却 IRFPA 用として検討されてきた。

アモルファス Si は、VOx 以外で非冷却 IRFPA 用として最も成功している抵抗ボロメータ材料である[89-95]。Si ベースの抵抗ボロメータ材料の非冷却 IRFPA への適用に関する初期の研究はオーストラリアで始まった[94]。開発開始当初のアモルファス Si の課題は 1/*f* 雑音の低減であった。Unewisse 等は、スパッタリング法とプラズマ CVD（plasma-enhanced chemical vapor deposition: PECVD）法で作製した同じ抵抗率のアモルファス Si 抵抗ボロメータの雑音を比較し、1/*f* 雑音が成膜方法に強く依存していることを見出した。図 5-7 に示すように、PECVD で成膜したアモルファス Si 抵抗ボロメータは、スパッタで作製したものに比べ大きな

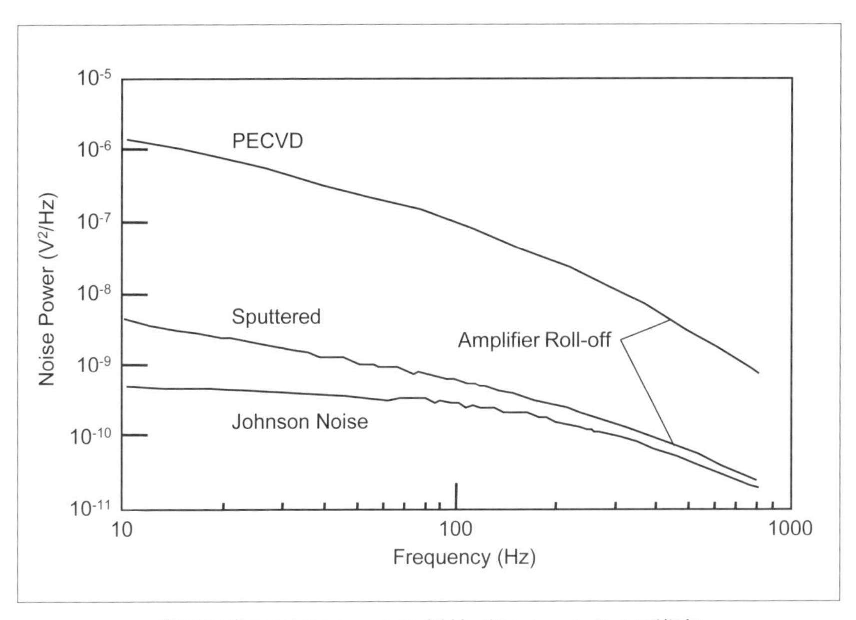

〔図 5-7〕アモルファス Si 抵抗ボロメータの 1/*f* 雑音

1/*f* 雑音を有している。PECVD で作製した薄膜では、バリアを通した電流が狭いフィラメント状の領域に沿って流れることで起こるランダムテレグラフ雑音（random telegraph noise）も観測されている[94]。

図 5-8 にアモルファス Si の TCR の抵抗率依存性を示す[93]。低濃度不純物ドープした高抵抗率のアモルファス Si では 0.05 /K の TCR も実現可能であるが、高抵抗率のアモルファス Si は 1/*f* 雑音は高く、読出回路との整合性が悪いため、非冷却 IRFPA には、TCR が 0.025 /K 以下の高不純物濃度アモルファス Si が使用されている。

Tissot 等は、アモルファス Si を抵抗ボロメータ材料に用いた画素ピッチ 50 μm の 256 × 64 画素非冷却 IRFPA を開発した[92]。画素ピッチは、初期の VOx 抵抗ボロメータ非冷却 IRFPA と同じであるが、アモルファス Si は、単独でマイクロブリッジ構造として自立するので、機械的強

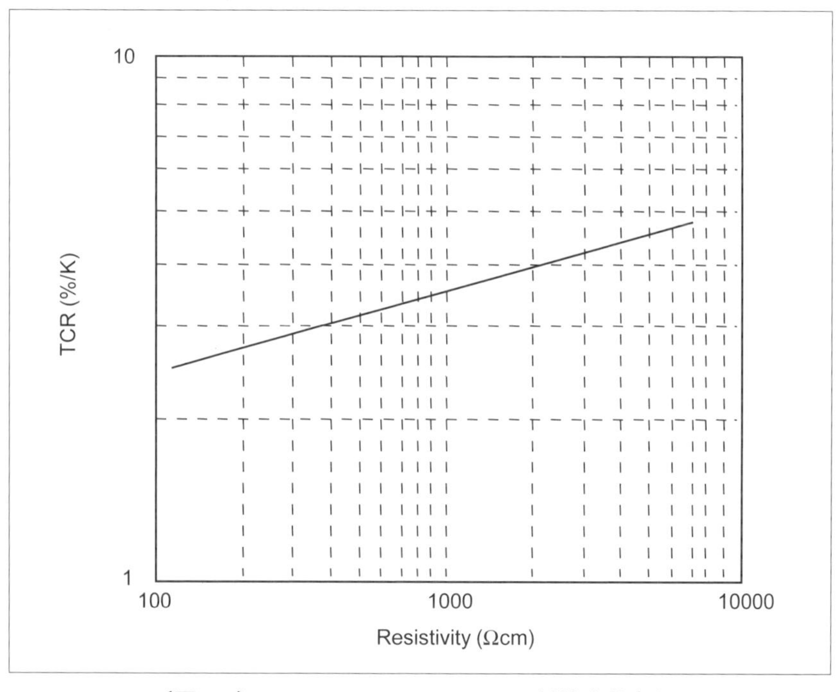

〔図 5-8〕アモルファス Si の TCR の抵抗率依存性

度を増すために絶縁膜を付加する必要がない。そのため、受光部の厚さを非常に薄くして、熱容量を小さくすることができる。

図 5-9 にアモルファス Si 非冷却 IRFPA の画素構造と、基板と受光部をつなぐ金属スタッド (metal stud) 部分の拡大写真を示す[91, 92]。また、このデバイスを作製するために MEMS プロセスを図 5-10 に示す[91]。図 5-9 の構造の画素ピッチ 50 μm、256×64 画素の素子では、F 値が 1.0 の光学系を用いた場合、フレームレート 100 fps で NETD<50 mK という性能が得られており[95]、画素ピッチを 45 μm に縮小した 320×240 画素の非冷却 IRFPA でも、NETD が 70 mK (@ F/1.0, 50 fps) という性能が報告されている[93]。

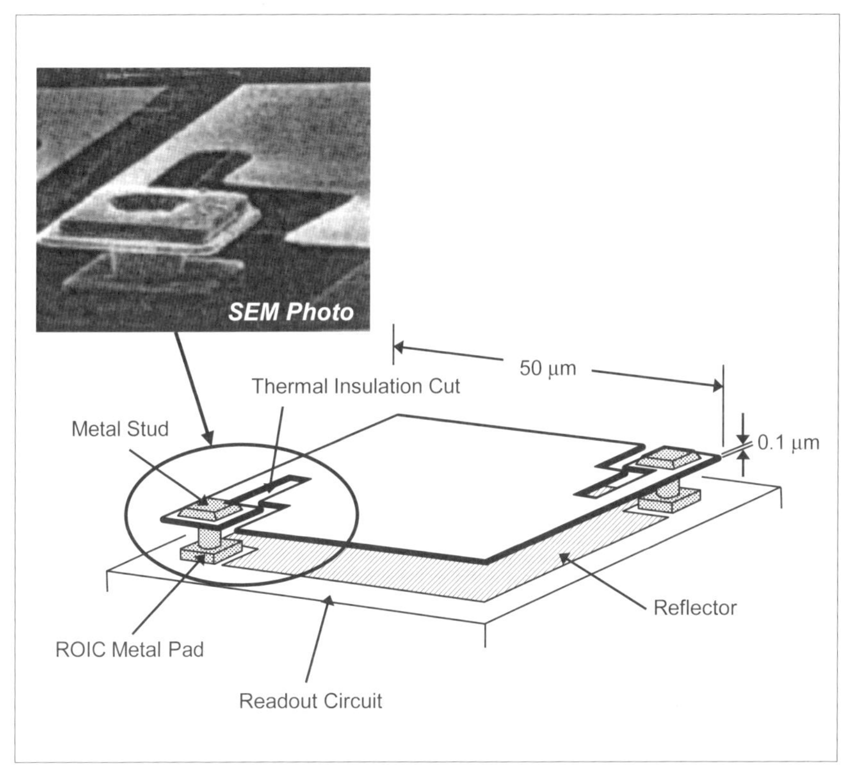

〔図 5-9〕アモルファス Si 非冷却 IRFPA の画素構造

アモルファスSi非冷却IRFPAの開発の初期には、アモルファスSiの準安定状態（metastable state）に起因した抵抗変化が問題になった。しかし、Tissot等は独自の熱処理プロセスでこの問題を解決し、125℃、1000時間の高温保存を行っても抵抗変化が起こらないことを確認している[93]。

高抵抗のアモルファスSi抵抗体を用いた画素ピッチ46.8 μmの160×120画素の非冷却IRFPAも開発されている[89, 90]。この素子の画素抵抗は30 MΩと大きく、図3-2に示した信号読出回路を用いることができないが、スイッチトキャパシタ（switched capacitor）技術を用いて画素内のキャパシタで1フレーム期間信号積分を行うことでS/Nを改善している。

単結晶SiはTCRが0.005～0.007 /Kと小さいが、Si LSI技術との製造プロセス両立性の観点で魅力のある材料であり、単結晶Siを用いた抵抗ボロメータ非冷却IRFPAも開発されている[96, 97]。報告されている単結晶Si抵抗ボロメータ構造は、最後のリリースプロセス以外はすべてSiファウンドリの標準的なCMOS技術で作製することができ、量産性に優れている。受光部のリリースは、TMAHによる異方性エッチングで行っている。

多結晶SiGeは、低熱伝導率で低い引っ張り応力を持つ材料で、アモ

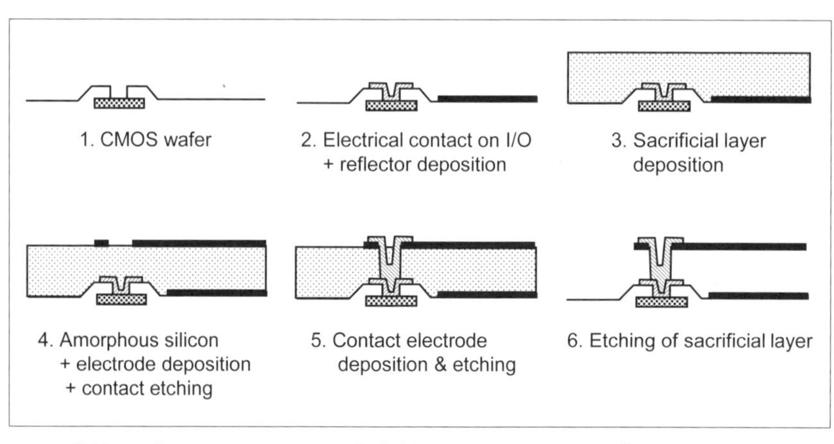

〔図5-10〕アモルファスSi非冷却IRFPAのMEMSプロセスフロー

ルファス Si と同様に多結晶 SiGe だけの構造を自立させた非冷却 IRFPA 画素を作製することができる材料である[98-101]。Moor 等は、非常に薄い自立構造を作製するために、高温フッ酸蒸気表面マイクロマシニング技術と U 型受光部構造技術を開発した[100]。フッ酸蒸気による犠牲層エッチングでは、プロセス中に水が発生しスティッキングを引き起こす。高温フッ酸蒸気表面マイクロマシニング技術は、ウエハを 30 ～ 50℃に昇温してエッチングする技術で、昇温することで水の発生によるスティッキングが解消されたと報告されている。U 型支持構造は、建築材料などで強度を増すために用いられる I 型構造からヒントを得た構造で、受光部と支持構造の周辺部に断面が U 型の構造を作ることで剛性と平坦性を向上している。多結晶 SiGe 膜は、600℃の温度で、大気圧または減圧環境での CVD 法で成膜され、配線部分も含めた TCR は 0.015 /K である[98]。試作された画素サイズ 50 μm の 128 画素のリニア非冷却 IRFPA では、65 mK の NETD（@ F/1.0）が得られている[98]。

アモルファス GeSi と GeSiO 薄膜も抵抗ボロメータ材料として研究開発されている[102, 103]。アモルファス GeSi は、Si の組成を増やすと抵抗率が上がり、TCR が下がる。GeSi に酸素を添加し GeSiO にすると、抵抗率と TCR が増大することが報告されている。

Si ベースの抵抗ボロメータとして Si/SiGe 量子井戸を利用したものも開発されている[104, 105]。SiGe のバンドギャップは Si より小さく、GeSi 層が量子井戸を形成するように Si/SiGe を多数積層して抵抗ボロメータを作製する。Si/SiGe の組み合わせでは、エネルギーバンドの不連続状態は価電子帯側にでき、ホールが量子井戸間をホッピングすることで電流が流れる。このときの TCR はバンドギャップの差で決まり、SiGe 中の Ge の組成を 32% にすると 0.03 /K の TCR が得られる。Ericsson 等は、SOI（silicon on insulator）ウエハ上に Si/SiGe 多重量子井戸を形成し、別に用意した ROIC が形成されたウエハに転写する技術を開発し、非冷却 IRFPA への適用を試みている[104]。

高温超電導（high-temperature superconducting）材料と巨大磁気効果（colossal magneto resistance）材料は高い TCR を持つ材料で、非冷却

IRFPAへの適用が検討されてきた。この種の材料の中で、高温超電導材料であるYBaCuOでは比較的良好な結果が得られている[106-108]。半導体材料であるYBaCuOは、組成を調整したターゲットを用いてマグネトロンスパッタリング（magnetron supptering）法で成膜される。成膜は室温で行われるので、Si ROIC上に抵抗ボロメータ検出器構造を作ることができる。

Almasri等は、ポリイミド犠牲層を用いた表面マイクロマシニング技術で、40 μm角のYBaCuO抵抗ボロメータ画素を試作した[106]。この画素では、400 nmの厚さのYBCuOが10 nmの厚さのTi電極の上に形成されている。TiではYBaCuOに対して良好なオーミック接続が得られないので、Au薄膜がYBaCuOとTiの間に挿入されている。このYBCuO抵抗ボロメータでは、TCRが0.035 /K、D^*が10^8 cm·Hz$^{1/2}$/Wという性能が得られている。YBaCuOはポリイミドのようなフレキシブル基板を含むいろいろな基板の上に成膜することができるので、フレキシブルスキンなどへの適用も提案されている[108]。

Wada等は、画素ピッチ40 μmの320×240画素YBaCuO抵抗ボロメータ非冷却IRFPAを開発した[109]。このデバイスのYBaCuOのTCRは0.032 /Kで、1/*f*雑音はVOxと同じレベルであると報告されている。試作した非冷却IRFPAのNETDはF/1.0の光学系を用いた場合80 mKで、良好な画像も得られている。

金属のTCRは半導体に比べ1桁程度小さいが、Tiを抵抗ボロメータ材料に用いた非冷却IRFPAの開発例もある[110, 111]。TiはSi LSIに使用されている材料で、1/*f*雑音が小さい。Tanaka等は、画素ピッチ50 μmの128×128画素Ti抵抗ボロメータ非冷却IRFPAを開発した[111]。この素子に使われたTiのTCRは0.0025 /Kで、バルクのTiの0.0042 /KというTCRより小さい。この非冷却IRFPAのNETDは、F/1.0の光学系を用い、2.5 mAのバイアス電流を5.3 μsのパルス幅で通電した場合、90 mKと報告されている。

NiOxとTiOxもボロメータ材料としての研究開発が進められている[112-114]。また、Endoh等は、エキシマレーザーを用いたMOD法でVOxに色々な金属を添加して性能改善を試みたところ、Nb を添加したもので 0.036/K の TCR が実現できることを見出し、画素ピッチ 12 μm の 640 × 480 画素非冷却 IRFPA に適用した[115]。

5－4　抵抗ボロメータ IRFPA の画素ピッチ縮小と高解像度化

1990 年代には 2 層構造の抵抗ボロメータ IRFPA 製造技術が確立し、画素ピッチ 50 μm の抵抗ボロメータ非冷却 IRFPA 製品が市場に多数投入された。画素ピッチ 50 μm の非冷却 IRFPA では、2 層構造の画素が用いられ、十分な性能が得られた。しかし、高解像度化や赤外線カメラの小型化を図るためには、画素ピッチを縮小する必要がある。画素ピッチを縮小すると、1 画素で受光できる赤外線エネルギーが減少して（図 5-11）、十分な感度が得られなくなった。受光量減少を補償して、感度を維持、向上させるためには、熱コンダクタンスの低減が最も有効であり、50 μm の画素ピッチの熱型赤外線検出器でも熱コンダクタンスを低減することで 8 mK の NETD（@ F/1.0）が得られることが実験的に示されている[116]。しかし、開口率と熱コンダクタンスのトレードオフの関係があり、画素ピッチを縮小すると、画素ピッチ 50 μm の技術では必要となる赤外線吸収と断熱性を確保することができる画素設計は困難であった。

Murphy 等は、VOx 抵抗ボロメータ画素に支持構造用の低密度のシリコン窒化膜などを導入することで感度向上を試みた[17]。しかし、従来の 2 層画素構造では画素ピッチが 40 μm 以下になると性能が悪くなること

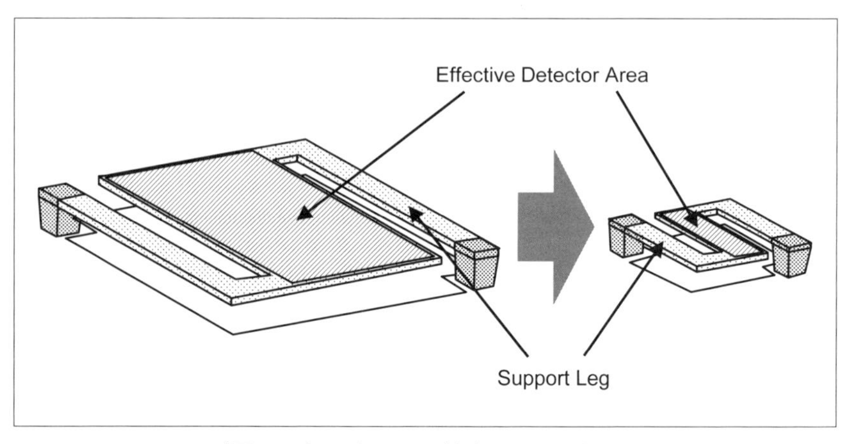

〔図 5-11〕画素ピッチ縮小における課題

が明らかになった。

こうした状況を打破するために2つの技術が開発された。一つは、3層画素構造作製技術であり、もう一つはMEMSプロセス微細化技術である。

図5-12に画素ピッチ縮小のために開発された3層VOx抵抗ボロメータ画素の構造を示す[17, 30, 117]。この構造は、支持脚と受光部を別の層として形成することで、開口率を減少させることなく熱コンダクタンスを低減できる構造で、2層犠牲層マイクロマシニングプロセスで作製される。この画素構造を用いて、画素ピッチ25 μmの320×240画素と640×480画素のVOx抵抗ボロメータ非冷却IRFPAが試作され、320×240画素の素子では22 mK (@ F/1.0)、640×480画素では35 mK (@ F/1.0) のNETDが得られた[30]。また、同じ画素構造の画素ピッチ20 μmの640×480画素非冷却IRFPAも開発され、NETDが27 mK (@ F/1.0, 30 fps) という性能が報告されている[118]。画素ピッチ20 μmの3層構造画素の電子顕微鏡写真を図5-13に示す。Murphy等は、この画素構造を画素ピッチが17

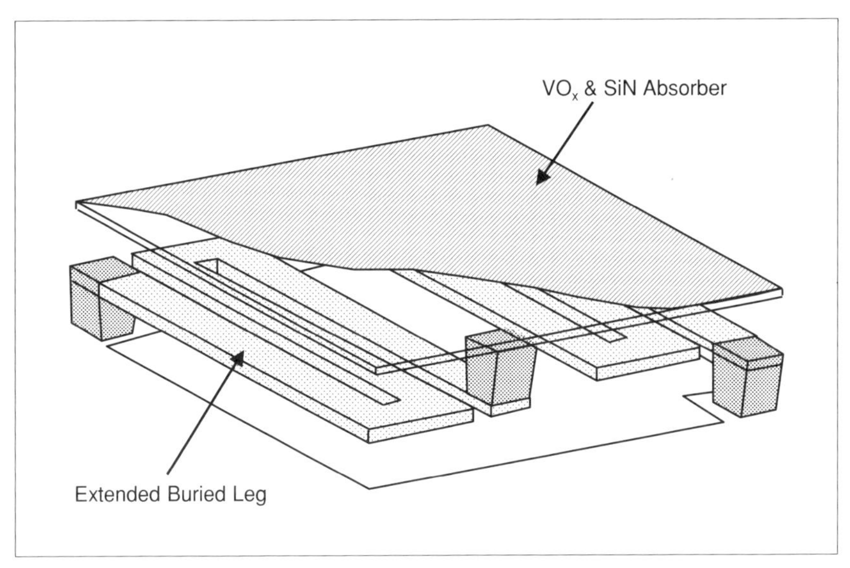

〔図5-12〕3層VOx抵抗ボロメータ画素構造

μm と 12 μm の素子でも採用しており、いずれの世代でも 50 mK (@F/1.0) 以下の NETD を実現している[24, 26]。同種の画素構造に関しては他にも報告がある[119, 120]。

図 5-14 は、画素ピッチを縮小するために開発された別の画素構造である[121]。この画素構造では、マイクロブリッジ構造に赤外線を吸収するためのシリコン窒化膜の庇 (eaves) が取り付けられている。庇構造は支持構造部分に入射する赤外線を吸収し、実質的な開口率を増大している。この構造の画素ピッチ 23.5 μm 抵抗ボロメータ非冷却 IRFPA が試作され、従来構造に比べ 1.3 倍の感度が得られている。同じような画素構造の抵抗ボロメータ方式の非冷却 IRFPA が、他のグループからも発表されている[18, 106, 122]。その他の画素ピッチ縮小技術としては、低熱コンダクタンス化のための細長いナノチューブの受光部支持構造を持った画素構造の提案例もある[123]。

マイクロマシニングプロセスの微細加工技術を高度化することで、従来の 2 層構造のまま画素ピッチ縮小を進めているメーカもある[19, 20, 124, 125]。たとえば、画素ピッチが 28 μm の 640 × 480 画素の VOx 抵抗ボロメータ非冷却 IRFPA では、0.3 μm の MEMS 微細加工技術と 1 画素 1 コンタクト画素設計により、2 層構造にもかかわらず 64% の開口率と 5×10^{-8} W/K

〔図 5-13〕画素ピッチ 20 μm の 3 層 VOx 抵抗ボロメータ画素

の熱コンダクタンスが実現されている[124, 125]。

アモルファスSi抵抗ボロメータ非冷却IRFPAでも2層構造のまま設計基準を縮小し、ボロメータ特性を改善するプロセスを開発することで画素の微細化が図られてきた[21, 126, 127]。Ulis社は、画素ピッチが45 μmの素子では1.5 μmのMEMS設計基準を採用していたが、画素ピッチが35 μmと25 μmの非冷却IRFPAでは最小寸法を1.2 μmと0.8 μmに縮小することで45 μm画素と同等の性能を維持している。画素ピッチ35 μmの320×240画素素子ではNETDは35 mK（@ F/1.0）126)、画素ピッチ25 μmの640×480画素素子ではNETDは48 mK（@ F/1.0）[21]と報告されている。図5-15にUlis社の画素ピッチ縮小のためのMEMS微細加工技術の推移をまとめた。このグラフの縦軸は、MEMSプロセスにおける最小設計寸法で（minimum feature size）、17 μm画素では0.5 μm、12 μm画素では0.3 μmの微細加工技術が必要となる。図5-16にFraunhofer Instituteが微細加工MEMS技術で作製した17 μmのアモルファスSi抵

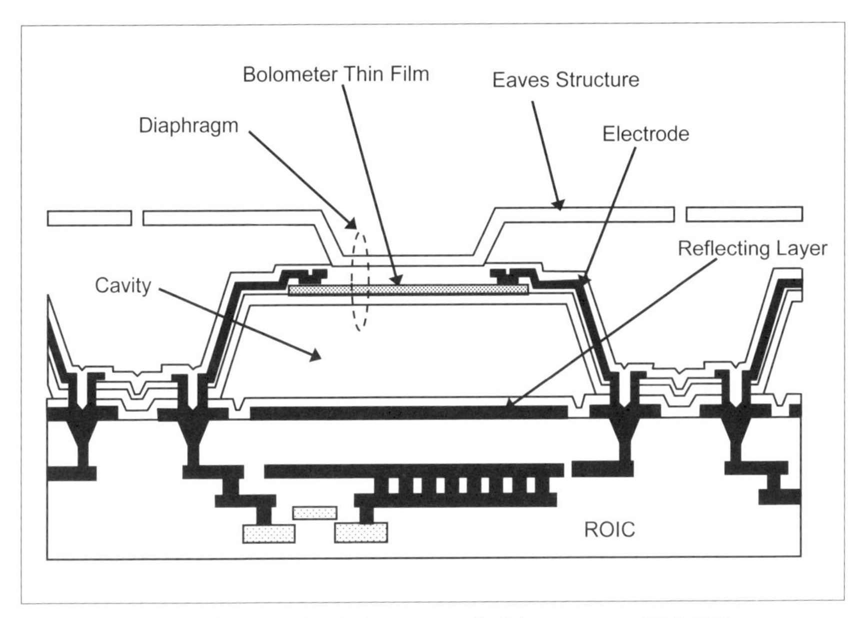

〔図5-14〕庇付き抵抗ボロメータ非冷却IRFPAの画素構造

抗ボロメータ非冷却 IRFPA の画素写真を示す[128]。

画素ピッチ縮小は、50 µm から 25 µm、17 µm 世代[32, 128-134]を経て現在 12µm 画素非冷却 IRFPA[135, 136]への移行が進んでいる。画素ピッチ 25 µm

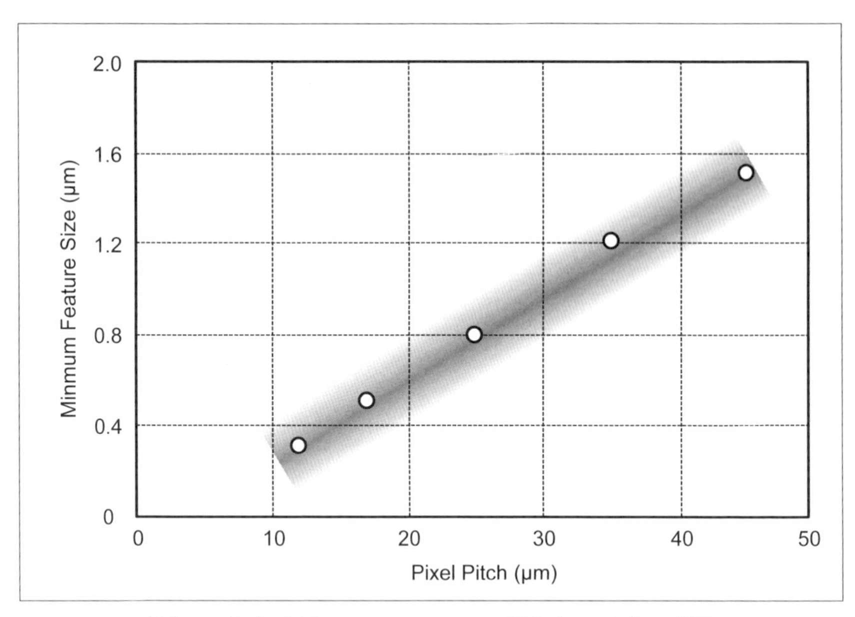

〔図 5-15〕非冷却 IRFPA の MEMS 微細加工技術の推移

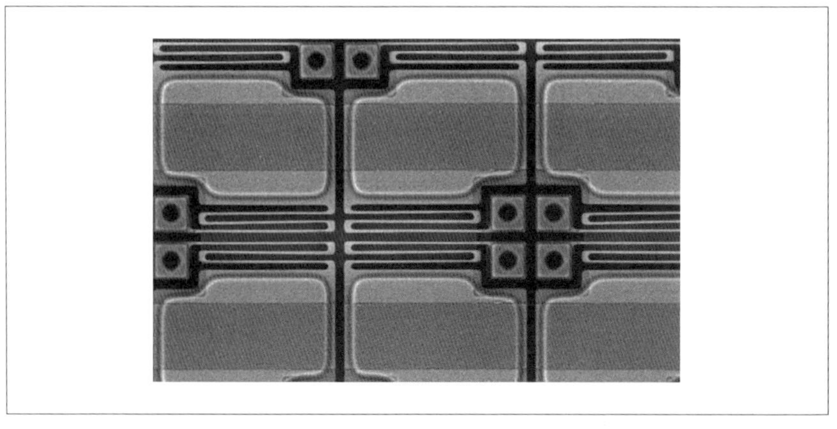

〔図 5-16〕微細加工 MEMS プロセスで作製した 17 µm ピッチ非冷却 IRFPA 画素

世代以降は、この節で紹介した画素ピッチ縮小技術を発展させ、熱コンダクタンスを小さくすることで性能を向上してきている。図 5-17 に各世代の設計パラメータがわかっている NEC の VOx 抵抗ボロメータ非冷却 IRFPA の熱コンダクタンスの低減の推移を示す。

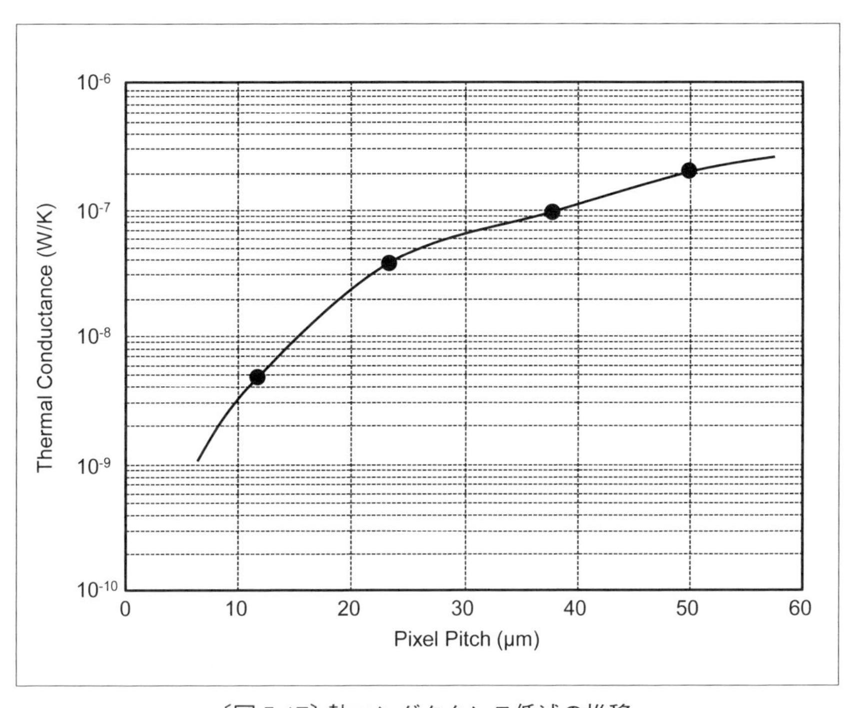

〔図 5-17〕熱コンダクタンス低減の推移

5－5　中赤外線領域に感度を持った非冷却IRFPA

量子型IRFPAでは、LWIRとMWIR波長域の検出器を一つのIRFPAに集積化した多波長化が研究開発の重要なテーマの一つになっている。一方、非冷却IRFPAは感度が低く、室温付近の物体のMWIR波長域の赤外線イメージングは難しいと考えられていた。しかし、最近の技術進歩により非冷却IRFPAの感度は一世代前の量子型IRFPAの感度に匹敵するレベルに達していて、非冷却IRFPAの応用をMWIR波長域に広げる試みもみられる。

Tissot等は、LWIR波長域の検出器に最適化された画素設計の160×120画素アモルファスSi非冷却IRFPAがMWIR波長域においても実用的な感度を有していると報告している[137]。彼等の評価では、LWIR波長域でNETD＝30 mK（@ F/1.0）の非冷却赤外線センサがMWIR波長域では170 mK（@F/1.0）のNETDを有しているという結果が得られた。このアモルファスSi非冷却IRFPAはLWIR波長域で最大感度が得られるように設計されたものであるが、2波長赤外線イメージングに最適な抵抗ボロメータ厚さ、反射膜と吸収膜のギャップの距離の検討することで、図5-18に示すような分光吸収特性が得られることが示されている[19]。この吸収特性が実現できると、LWIR、MWIR両波長域で100 mK（@F/1.0）以下のNETDを得ることができる。

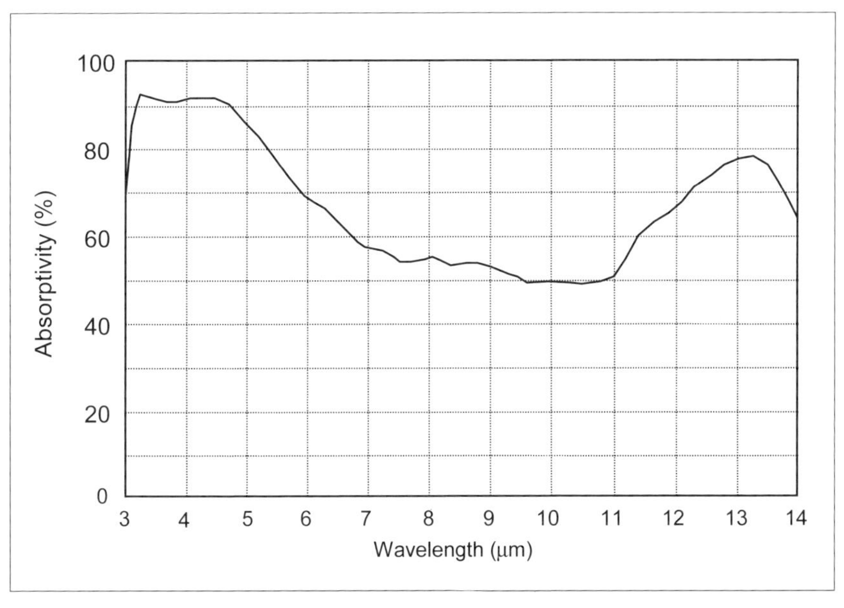

〔図 5-18〕2 波長イメージングのために設計された赤外線吸収層の分光吸収特性

第6章

熱電IRFPA

６－１　熱電赤外線検出器の動作

図 6-1 (a) に示すように、異なった材質の金属や半導体を２箇所で接合してループを形成し、２つの接合の間に温度差をつけると回路に電流が流れる。また、一方の導体を途中または片方の接点部分で切断し、図

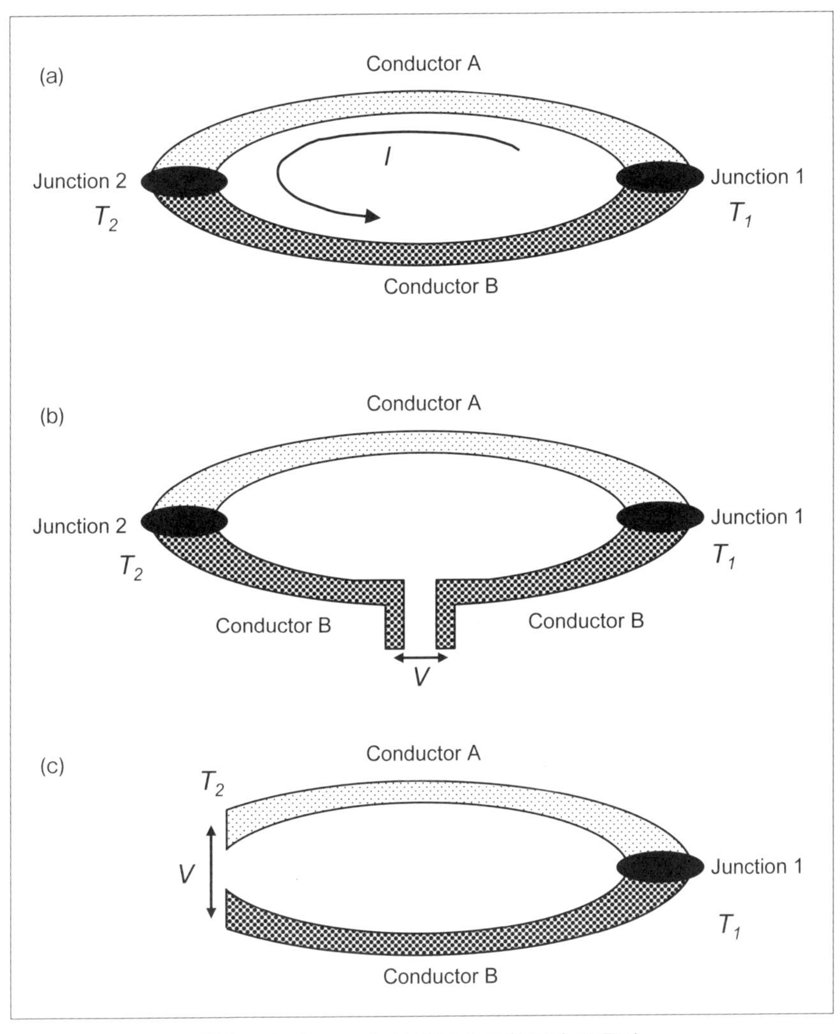

〔図 6-1〕Seebeck 効果による起電力の発生

6-2 (b) または (c) のような構成にすると、2つの端子の間に電圧が発生する。この現象は、発見者の名前をとってSeebeck効果と呼ばれている。

Seebeck効果で発生する電圧 ΔV_S は、2端子間の温度差を $\Delta T_d (=T_1-T_2)$ に比例し、

$$\Delta V_S = \alpha \cdot \Delta T_d \quad \cdots\cdots \quad (6\text{-}1)$$

となる。ここで α はゼーベック係数である。このSeebeck係数は材料の組み合わせで決まるものであるが、物質固有の値として定義することもできる。図6-1に示す構成で、導体Aと導体Bのゼーベック係数をそれぞれ α_A、α_B とすると、式 (6-1) のSeebeck係数は、

$$\alpha = \alpha_A - \alpha_B \quad \cdots\cdots \quad (6\text{-}2)$$

で与えられる。

熱電対 (thermocouple) は、図6-1 (b) または (c) のような構成の温度センサである。図6-2に、熱電対を温度センサに用いた熱電非冷却赤外線検出器の基本構造を示す。基板 (sub.) はヒートシンクとしての役割を果たす。冷接点 (cold junction) は基板上に形成されており、温接点 (hot

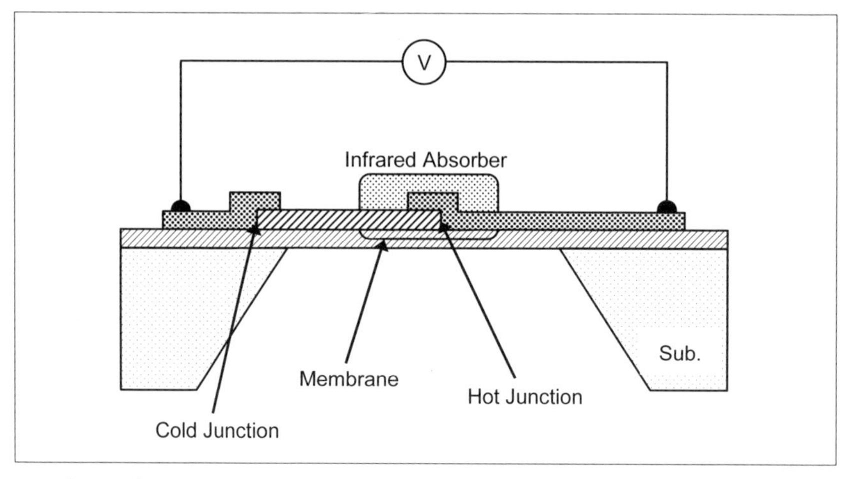

〔図6-2〕熱電対を温度センサに用いた非冷却赤外線検出器の基本構造

junction）は薄膜上に配置されている。温接点の形成された薄膜（membrane）下部の基板は除去されているので、温接点の形成された薄膜中央部分と基板との間の熱コンダクタンスは小さく、赤外線吸収層（infrared absorber）で赤外線が吸収されると、薄膜部分の温度（温接点の温度）が変化する。一方、冷節点はヒートシンク上に形成されており、温度が変化しないので、両接点間に温度差ができ、その結果、熱電対の両端に電圧が発生する。

熱電対の出力電圧は加算的であるので、温接点と冷接点を交互に直列接続すると感度を増大することができる。熱電対を直列に接続したものをサーモパイルと呼ぶ。温接点／冷接点ペア数を m とすると、サーモパイルの出力電圧は、

$$\Delta V_S = m \cdot \alpha \cdot \Delta T_d \quad \cdots\cdots (6\text{-}3)$$

となる。

熱電対とサーモパイルの雑音は、サーモパイルの抵抗値 R_D で決まるジョンソン雑音であり、

$$V_{NJ} = (4 \cdot k \cdot T_d \cdot R_D \cdot B)^{1/2} \quad \cdots\cdots (6\text{-}4)$$

で与えられる。第３章を参照すると、熱電方式の非冷却赤外線検出器のジョンソン雑音で決まる比検出能は、

$$D^* = \frac{m \cdot \alpha \cdot A_d^{1/2}}{2 \cdot G_T \cdot (k \cdot T_d \cdot R_D)^{1/2} \cdot (1 + \omega^2 \cdot \tau_T^{\ 2})^{1/2}} \quad \cdots\cdots (6\text{-}5)$$

で、ジョンソン雑音で決まるNETDは、

$$NETD = \frac{8 \cdot F^2 \cdot G_T \cdot (k \cdot T_d \cdot R_D \cdot B)^{1/2} \cdot (1 + \omega^2 \cdot \tau_T^{\ 2})^{1/2}}{m \cdot \alpha \cdot A_d \cdot \dfrac{\partial M_e(\lambda_1 - \lambda_2, T)}{\partial T}} \quad \cdots\cdots (6\text{-}6)$$

となる[3)]。

高い感度を得るためには、Seebeck係数を大きくし、熱コンダクタン

スを小さくする必要があり、電気的な雑音を小さくするには、サーモパイルの抵抗を下げる必要がある。こうしたことを考慮して、熱電材料の性能指標として、

$$Z = \frac{\alpha_A - \alpha_B}{(\rho_{EA} \cdot \sigma_{TA})^{1/2} + (\rho_{EB} \cdot \sigma_{TB})^{1/2}} \quad \cdots\cdots\cdots\cdots \quad (6\text{-}7)$$

が用いられることがある[3)]。ここで σ_{TA} と σ_{TB} および ρ_{EA} と ρ_{EB} は、それぞれ導体Aと導体Bの熱伝導率と電気抵抗率（electrical resistivity）である。

６－２　サーモパイル IRFPA

非冷却 IRFPA の製造に MEMS 技術が用いられるようになる前には、熱電方式の非冷却赤外線検出器はプラスチックやアルミナセラミックを基板として作製されていた。Si LSI 製造技術と両立性のある MEMS プロセス技術は、熱電方式の非冷却 IRFPA にも、感度、生産性、アレイ化という観点で大きなインパクトを与えた。

マイクロマシニング技術で作製されたサーモパイル非冷却赤外線検出器が初めて報告されたのは 1982 年である[138)]。この検出器の平面と断面の構造を図 6-3 に示す。温接点を形成した薄膜層は、絶縁膜とボロンを高濃度にドープした Si 層で構成している。この検出器の製造プロセスを図 6-4 に示す。

受光部の薄膜部は、裏面から EDP 液によるエッチングを行うことで形成している。EDP 液を用いた Si エッチングは、異方性エッチングで、高濃度ボロンドープ層のエッチングレートは実質的にゼロと考えていいので、薄膜部の形状と厚さは精密に制御することができる。赤外線吸収層としてはビスマス黒（bismuth black）を用いている。サーモパイル材料は、Bi/Te、p 型ポリシリコン /Au、n 型ポリシリコン /Au の組み合わせたものを試作しており、いずれのサーモパイルでも 10^7 cm·$Hz^{1/2}$/W 台の D^* が得られたと報告している。熱時定数は 15 ms である。この技術を使って、16×2 画素 p 型ポリシリコン /Au サーモパイル非冷却赤外線リニアセンサも開発されている[139)]。

サーモパイル非冷却 IRFPA の最も重要な特長は、一般的な CMOS LSI との製造プロセス両立性が高いことである。ETH チューリッヒの研究グループは、赤外線吸収層も含めて CMOS LSI 製造プロセスで作製できるサーモパイル非冷却 IRFPA を開発した。彼らの素子に用いられているサーモパイル材料は、Al/p 型ポリシリコンと n 型ポリシリコン /p 型ポリシリコンの組み合わせで、これらの材料は CMOS LSI 製造プロセスでは一般的なものである。彼等は、表面から基板 Si をエッチングする表面アクセスバルクマイクロマシニング（front-accessed bulk maicromachining）技術で単画素の検出器を作製ししている[140)]。

2次元のサーモパイル非冷却IRFPAを構成するため色々な構造が提案されている。たとえば、図6-5に示す断面構造は、裏面と表面からSiエッチングを行い、1つの薄膜上に画素を配置するものである[141]。1つの薄膜上に画素アレイを配置した場合、画素間に熱分離のためのヒートシ

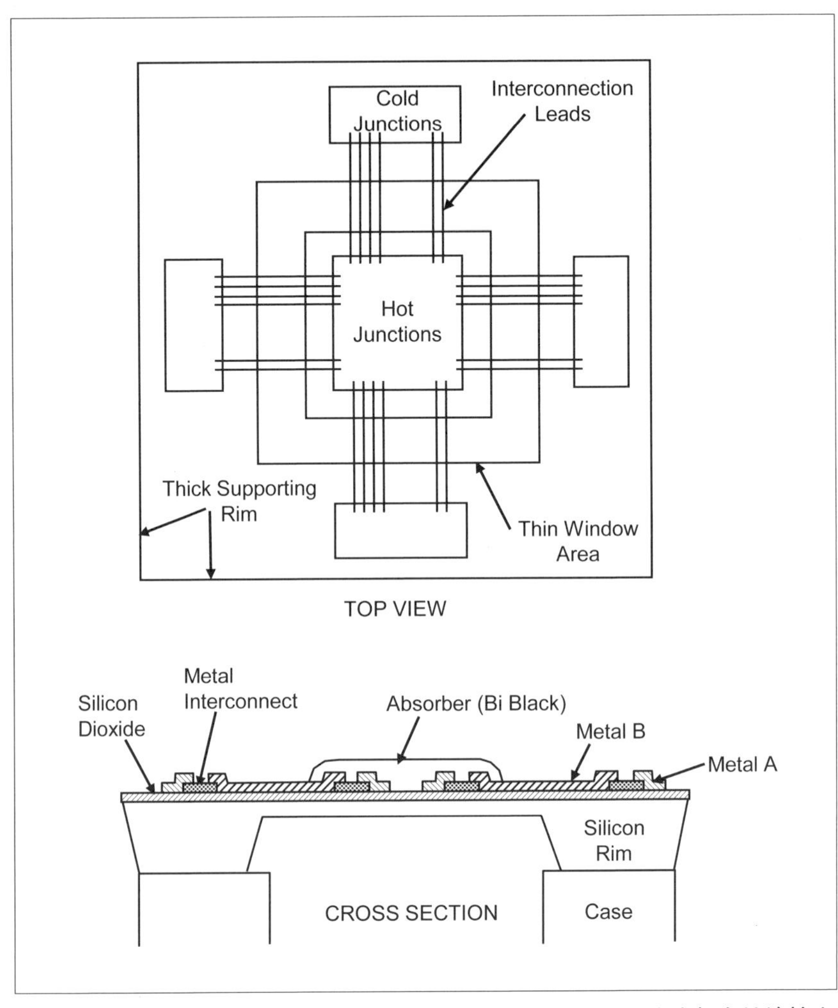

〔図6-3〕マイクロマシニング技術で作製されたサーモパイル非冷却赤外線検出器の平面と断面構造

ンク部を設ける必要がある。図6-5の例では、EDPの異方性エッチングの特徴を利用して、表面と裏面からSiエッチングすることで、低濃度

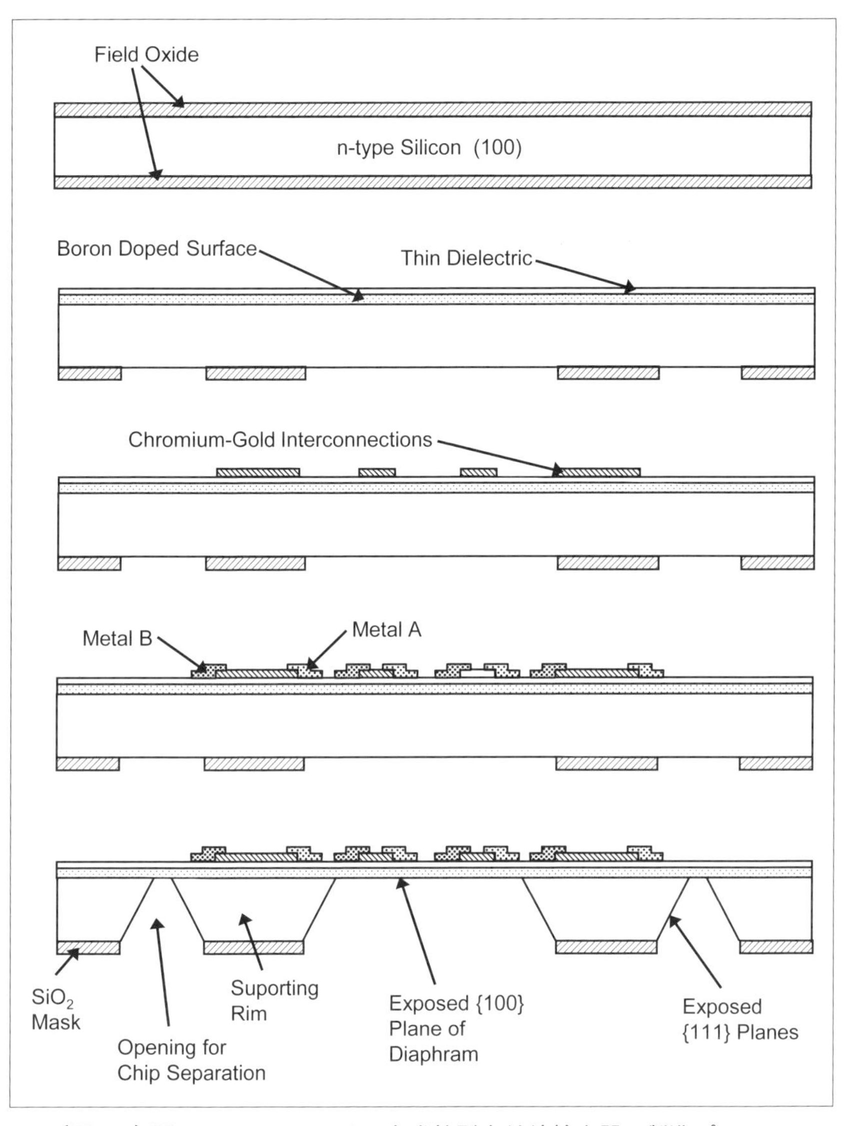

〔図6-4〕図6-3のサーモパイル方式熱型赤外線検出器の製造プロセス

ドープSi領域を残し、これを画素間のヒートシンクとしている。低濃度ドープSi領域には画素スイッチ（pixel switch）が形成されている。この構造の画素ピッチ375 μmの32×32画素サーモパイル非冷却IRFPAが開発されている。使用されているサーモパイル材料は画素n型ポリシリコンとp型ポリシリコンで、対数は32である。

図6-6にもう一つの2次元のサーモパイル非冷却IRFPAの画素構造を示す。この構造は裏面からのSiエッチングのみで作製するもので、この構造の画素ピッチ250 μmの10×10画素のサーモパイル非冷却IRFPAが開発されている[142, 143]。この構造では、表面に形成したAuラインが画素間のヒートシンクとして働き、画素を分離している。Auラインの厚さは25 μm、幅は80 μmである。このAuラインは、Auバンプを用いた自動テープボンディング技術（tape automated bonding technology）により作製している。この非冷却IRFPAの画素間のクロストーク（crosstalk）は3.6%以下と報告されている。

図6-6の構造を形成するためにKOHを用いたウエハレベルのバルクマイクロマシニング加工技術も開発されている。サーモパイルは、12対のn型ポリシリコンとAlを組み合わせで、ゼーベック係数は108 μV/Kである。開発したサーモパイル非冷却IRFPAを搭載した撮像モジュー

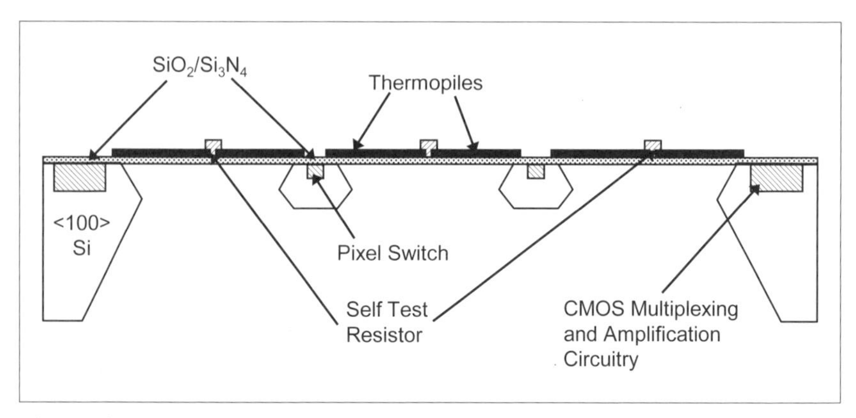

〔図6-5〕裏面と表面からSiエッチングを行なって作製するサーモパイル非冷却IRFPAの構造

ルも発表されていて、F/1.0のポリエチレンフレネルレンズを用い、0.5 fpsで動作させた場合のNETDは530 mKと報告されている。また、サーモパイルのレイアウト方法、熱コンダクタンス、電気抵抗を最適化することで、感度を3.3倍改善した同じ画素構造の16×16画素素子も開発されている[144]。

図6-7に示す画素構造のサーモパイル非冷却IRFPAも開発されている。この構造のサーモパイル非冷却IRFPAの例を図6-8に示す[145, 146]。この素子のサーモパイル材料は、n型ポリシリコンとp型ポリシリコンで、それぞれリンとボロンを1×10^{16} cm^{-2}イオン注入して作製されており、両者は各接点においてAl配線で接続されている。赤外線吸収層には、厚さ2～3 μmの金黒（Au back）が用いられており、8～13 μmの波長域で90%以上の吸収率を得ている[58]。金黒は、リンガラス（phosphosilicate glass: PSG）をリフトオフ（lift-off）することでパターニングしている。こ

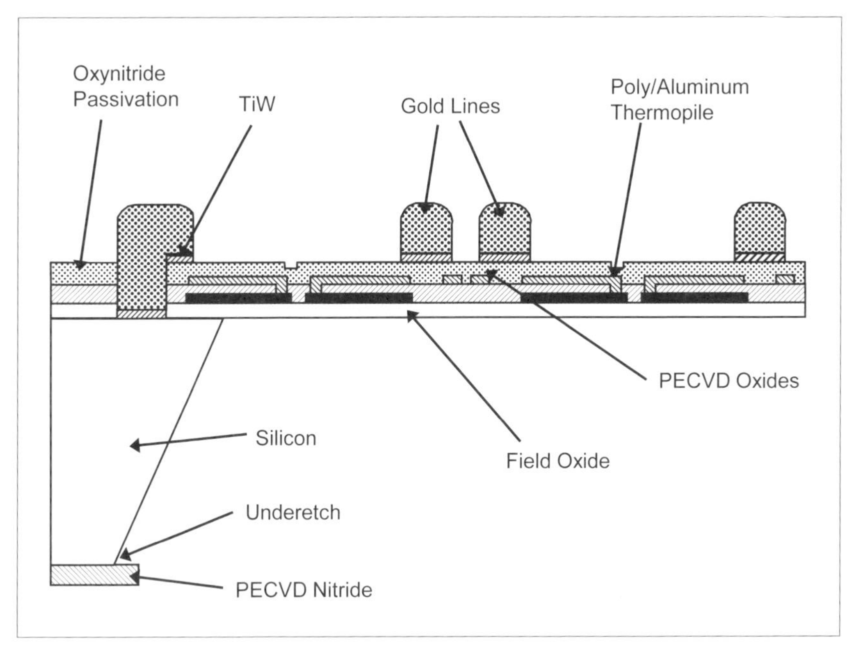

〔図6-6〕Auラインをヒートシンクとしたサーモパイル非冷却IRFPAの構造

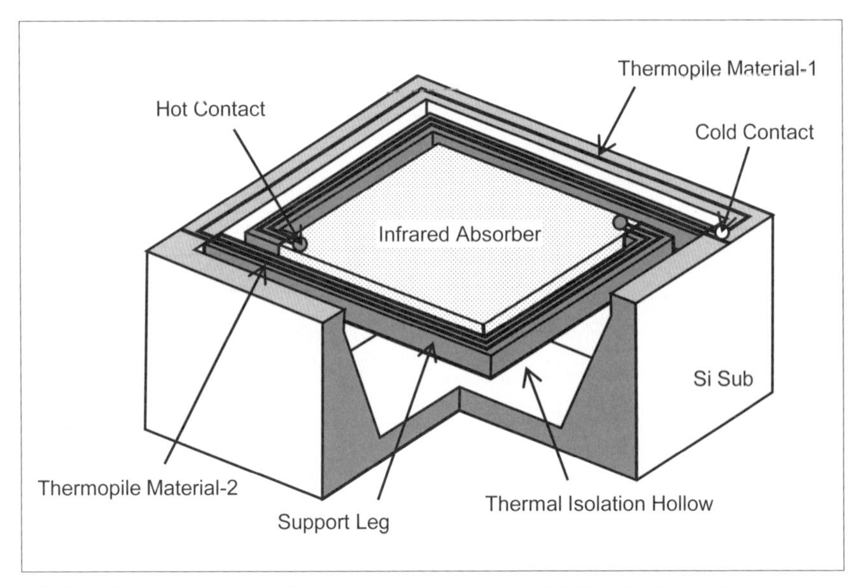

〔図 6-7〕表面アクセスバルクマイクロマシニング技術で作製するサーモパイル非冷却 IRFPA の画素構造

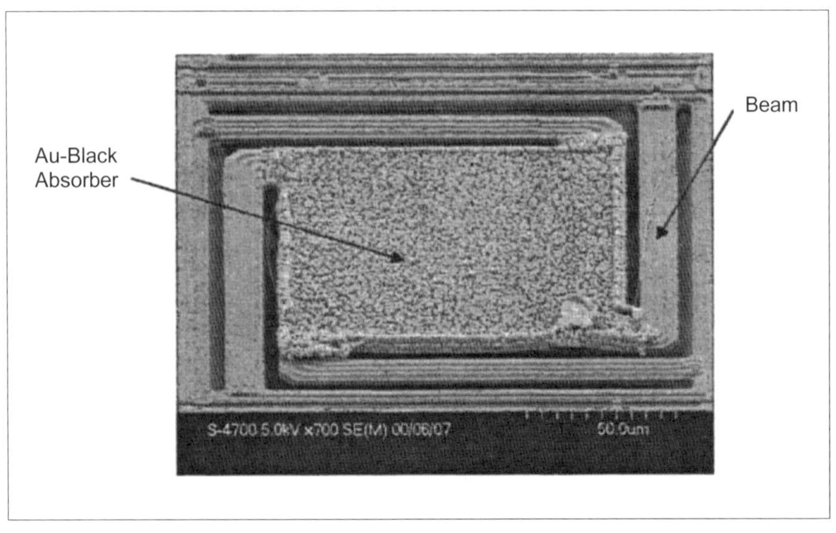

〔図 6-8〕表面アクセスバルクマイクロマシニング技術で作製したサーモパイル非冷却 IRFPA の画素の電子顕微鏡写真

の構造は、表面アクセスバルクマイクロマシニング技術を利用して製作することができる。この構造の画素ピッチ 190 μm の 48×32 画素と、画素ピッチ 100 μm の 120×190 画素のサーモパイル非冷却 IRFPA が開発されている。

サーモパイル非冷却 IRFPA は大気圧で動作させるように設計されたものが多いが、表面アクセスバルクマイクロマシニング技術で作製された上記デバイスは、真空中で動作させることを前提に設計されている。真空中で動作するサーモパイル非冷却 IRFPA における主要な熱伝達メカニズムは、大気圧の場合と異なり支持構造を通した熱伝導になる。そのため、画素構造、支持構造に使用する材料、パターンレイアウト、サーモパイル対数に関しては真空中で動作させることを前提にした検討が必要となる。前述の画素ピッチ 190 μm と 100 μm の 2 つのデバイスでは、最適対数はそれぞれ 6 対と 2 対と報告されている[145, 146]。最適設計された 48×32 画素素子では、R_V = 2100 V/W と $NETD$ = 0.4 K（@ F/0.7）が得られている[145]。

表面マイクロマシニングで信号読出回路上にサーモパイル赤外線検出器を積層した 128×128 画素非冷却 IRFPA も開発されている[147]。この素子のサーモパイル材料は、不純物を 10^{19}～10^{20} cm^{-3} ドープした p 型ポリシリコン（不純物はボロン）と n 型ポリシリコン（不純物はリン）で、Seebeck 係数は 300～400 μV/K、対数は 32 である。読出方式は CCD を用いている。熱電対の出力は CCD の電荷入力ゲート部分に接続され、CCD への入力電荷量を変調するよう設計されている。積層されたサーモパイル部分の最小寸法は 0.6 μm で、100 μm 角の画素で開口率 67% を実現している。F/1.0 の光学系を用いたときの NETD は 0.5 K と報告されている。

サーモパイル方式の最も重要な特徴は、Si LSI プロセスで製造できることであるが、Si LSI プロセスには導入できない材料を用いることでより高い性能を得ることができる。$(Ba_{1-x}Sb_x)_2(Te_{1-y}Se_y)_3$ の化合物は、サーモパイルとして最も性能指標が大きい材料であることが知られている。この材料は薄膜作製が難しく、Si LSI プロセスに導入できないので、関連したサーモパイル非冷却IRFPAの報告は少ないが、Foote等は、Be-TeとBe-Sb-Teを用いたサーモパイル非冷却IRFPAを開発している[148-150]。彼等は、いくつかのタイプの画素を試作し、2.2×10^9 cm・Hz$^{1/2}$/Wの比検出能（光源が1000 Kの場合）を得ている。彼等は、図6-9に示す表面マイクロマシニング技術で作製するBe-Te/Be-Sb-Teサーモパイル非冷却IRFPAの画素構造も提案している[150]。

図6-9の上側の図は平面レイアウトで下側の図は断面構造である。赤外線吸収構造は、薄いPt層とシリコン窒化膜でできていて、サーモパイルの温接点部分に取り付けられている。こうした構造をとることで、サーモパイルの対数を大きくしても、100%に近い開口率が得られ、高い断熱性も維持できる。また、サーモパイルは基板から持ち上げて浮か

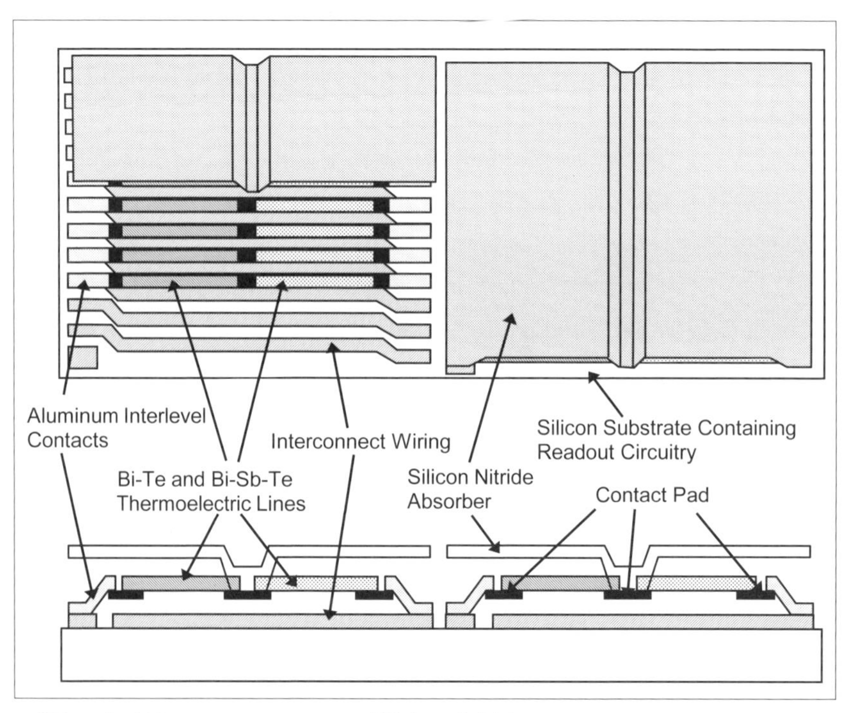

〔図6-9〕表面マイクロマシニング技術で作製するBe-Te/Be-Sb-Teサーモパイル非冷却IRFPAの画素構造

した構造にしているので、受光部とサーモパイルで覆われた基板の上に信号読出回路を配置することができる。

より高い性能の実現を目指して、AlGaAs[151]やInGaAs[152]を用いデバイスも研究開発されている。GaAs基板上のAlGaAsサーモパイル薄膜とInP基板上のInGaAsサーモパイル薄膜は、高い選択性を持ったエッチング液を用いて作製することができる。

本節で述べたように、サーモパイル非冷却IRFPAの画素構造としてはいろいろなものが提案されているが、実用化されているのは図6-7に構造を示した表面アクセスバルクマイクロマシニング技術により作製するものである。表6-1に市販されているサーモパイル非冷却IRFPAの例を示す。

〔表6-1〕サーモパイル非冷却IRFPAの例

Company	**Panasonic**	**Omron**	**Lapis**	**Seiko NPC**	**Heimann**	**Excelitas**	**Melxis**
Array Format	8×8	16×16	48×47	8×8	80×64	32×32	32×24
Pixel Pitch	300 μm	250 μm	100 μm	340 μm	90 μm	220 μm	100 μm
***NETD* [1]**	<0.5 K	0.15 K	0.5 K	1.5 K	0.05 K	0.8 K	0.1 K [2]
Field of View	60 deg	90 deg	N.A.	35 deg	41×33 deg	60 deg	110 deg
FR or TC	10 Hz	4 Hz	6 Hz	<2 ms	30 Hz	115 ms	64 Hz [3]
Packaging	AP	Vacuum	Vacuum	AP	Vacuum	AP	AP
Reference	39, 40	41	42	43, 44	45	46	47

FR: Frame Rate, TC: Time Constant, AP: Atmospheric Pressure, NA: Data Not Available
[1]: Measurement conditions are different device by device
[2]: NETD wasn't measured at 64Hz frame rate
[3]: Maximum readout rate

第7章
ダイオードIRFPA

7－1　ダイオード赤外線検出器の動作

半導体デバイスの特性が温度依存性を持つことは、しばしば回路設計者を悩ませるが、これは半導体デバイスを温度センサとした非冷却IRFPAが作製できることを意味している。順方向にバイアスされたpn接合ダイオードは古くから接触式の温度センサとして用いられており、単結晶Siダイオードを温度センサに用いた非冷却IRFPAでは、抵抗ボロメータ方式に匹敵する高い性能が得られている。

拡散電流が支配的なpn接合ダイオードを、十分高い順方向電圧(forward voltage) V_F で動作させると、流れる順方向電流(forward current) I_F は、

$$I_F = A_j \cdot J_S \cdot \exp\left(\frac{q \cdot V_F}{k \cdot T_d}\right) \quad \cdots\cdots \quad (7\text{-}1)$$

$$J_S = K \cdot T_d^{(3+\kappa/2)} \cdot \exp\left(-\frac{E_G}{k \cdot T_d}\right) \quad \cdots\cdots \quad (7\text{-}2)$$

となる[153]。ここで、A_j は接合面積、J_S は逆方向飽和電流密度、q は電子の電荷量、E_G はバンドギャップエネルギー、κ は拡散係数とキャリア寿命の温度依存性で決まる定数、K は温度に依存しない定数である。

ダイオードが定電流駆動されている場合、V_F の温度感度は、

$$\left.\frac{dV_F}{dT_d}\right|_{I_F=const.} = \frac{V_F}{T_d} - \left(3+\frac{\kappa}{2}\right) \cdot \frac{k}{q} - \frac{E_G}{q \cdot T_d} \quad \cdots\cdots \quad (7\text{-}3)$$

と表すことができる[6]。式(7-3)より、順方向バイアスを0.6 Vとしたとき、Siダイオードの温度300 Kにおける温度感度は2 mV/Kと算出される。直列接続されたダイオードの順方向電圧は加算的であるので、温度感度はダイオードを直列接続することで大きくすることができる。

式(7-3)の右辺で、プロセス変動の影響を受けるのは第2項だけで、この項は他の2項に比べ小さく無視できるので、温度感度のプロセス変動によるバラツキが極めて小さくなる。この特徴により、ダイオード非冷却IRFPAは、非冷却IRFPAの中で最も均一性が高く、大量生産に適

した方式であると考えられている。

図7-1は、ダイオード温度センサの動作を説明するための電流－電圧特性グラフである。この図は、T_1とT_2（$T_1 > T_2$）の2つの温度における電流－電圧特性の片対数グラフで、式（7-1）が示すように電流－電圧特性は直線になる。ダイオードを定電流モードで動作させると、ダイオード両端の順方向電圧V_Fは温度により変化する。V_Fは、それぞれの温度における逆方向飽和電流I_Sと直線の傾きq/kT_dで決まる。I_Sの温度依存性を決める主要因は、式（7-2）のexpの項であり、図のように温度の上昇とともにV_Fは小さくなる。ダイオード非冷却IRFPAでは、各画素が受光している赤外線量をV_Fの大きさとして検出している。

ダイオードの主要な雑音はショット雑音（shot noise）V_{NS}である。この雑音は、半導体中のキャリアがポテンシャルバリアを超えて移動する

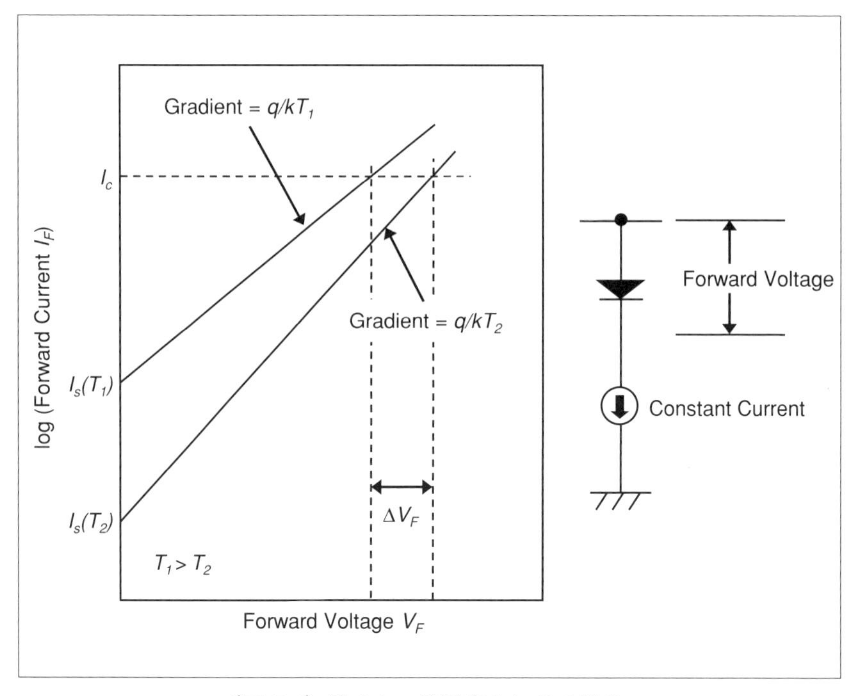

〔図7-1〕ダイオード温度センサの動作

メカニズムに関連したもので、

$$V_{NS} = \left(2 \cdot q \cdot I_F \cdot B\right)^{1/2} \cdot \frac{dV_F}{dI_F} \quad \cdots\cdots\cdots\cdots\cdots\cdots\cdots\cdots\cdots\cdots\cdots\cdots \quad (7\text{-}4)$$

で与えられる[6)]。実際には、ショット雑音に加えダイオード内の抵抗成分に起因したジョンソン雑音も発生し、ダイオードの品質によっては1/f雑音が問題になる場合もある。

7－2　Si ダイオード IRFPA

ポリシリコンダイオードを用いた単画素赤外線検出器は 1990 年に報告されている[154]。その後、この研究は 16 画素非冷却リニア赤外線センサ[155]と 16×16 画素非冷却 IRFPA[156]に発展した。図 7-2 にポリシリコンダイオードを用いた非冷却 IRFPA の画素構造を示す。画素ピッチは 400 μm である。ポリシリコンダイオードは、シリコン窒化膜でできた薄膜上に形成されている。この構造はポリシリコン犠牲層を使ったバルクマイクロマシニング技術で作製されており、同一チップ上に画素選択用スイッチとこれを駆動するための n チャネル MOS トランジスタ走査回路を集積している。試作されたポリシリコンダイオード非冷却 IRFPA の基本動作は確認されているが、テンポラル雑音が大きく、D^* は 6×10^5 cm·Hz$^{1/2}$/W であった。ポリシリコンダイオード非冷却 IRFPA は、高テンポラル雑音に加え FPN も大きく、その後の発展することはなかった。

Ishikawa 等は、単結晶 Si ダオードを温度センサとして用いた非冷却 IRFPA を提案した[6]。図 7-3 に彼等が開発した 3 種類の SOI ダイオード

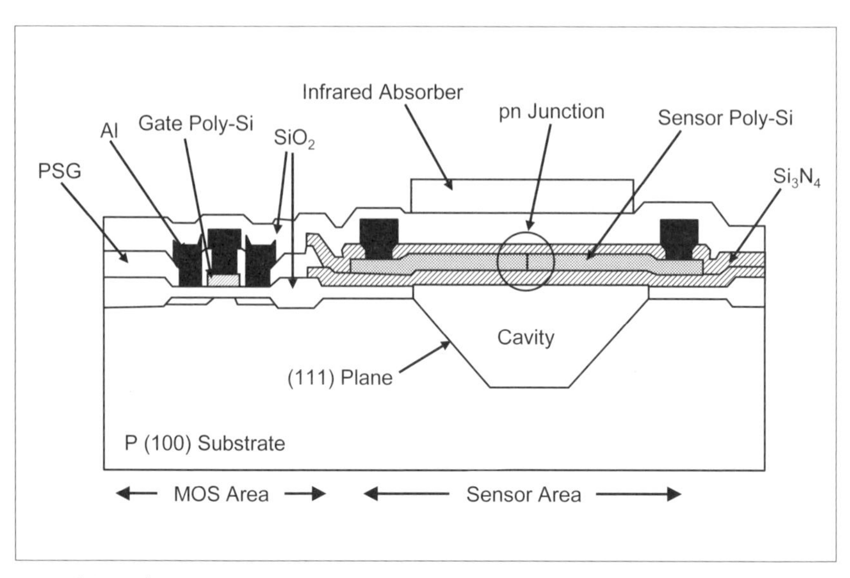

〔図 7-2〕ポリシリコンダイオードを用いた非冷却 IRFPA の画素構造

非冷却IRFPAの画素構造を示す。図7-3 (a) は、最初に試みられたもので、単結晶Si pn接合ダイオード (diode) を含む薄膜構造が2つの支持構造 (support leg) で基板内に形成された空洞 (cavity) 上に支えられた画素である (Type I) [6, 157]。この画素の熱コンダクタンスは、抵抗ボロメータ方式と同じレベルまで低減することが可能である。支持構造は、2端子デバイスであるダイオードからの2本の配線を含んでいて、これらの配線は信号読出回路に接続されている。

この画素では、ダイオード温度センサ、支持構造、画素アレイ内の配線が同一平面上に形成されており、浮遊構造受光部に割り当てる面積を大きくすることができできないので、単層構造では開口率が小さくなる。このために、温度センサが形成された薄膜構造とは別に赤外線吸収構造を設けている。この赤外線吸収構造は、赤外線吸収層 (IR absorber)、絶縁層 (dielectric), 反射膜 (reflector) からなる1/4波長干渉吸収構造である。赤外線吸収構造はダイオードが形成された薄膜構造と支持柱 (pillar) で熱的に結合していて、両者の温度は実質的に等しくなる。2層構造の抵抗ボロメータ方式の非冷却IRFPAの開口率は60%前後であるが、図7-3 (a) の構造では90%近い開口率の実現が可能である。

図7-3 (a) の画素では、赤外線吸収層に用いる絶縁膜 (dielectric) の厚さは対象とする波長域で決まり、LWIRを吸収する場合は2 μm程度なる。その結果、受光部の熱容量を小さくすることが難しく、熱時定数を必要なレベルに維持したまま熱コンダクタンスを小さくするができなくなる。この問題を解決するために図7-3 (b) の画素構造 (Type II) が開発された [157, 158]。この構造では、光学的共振構造は、浮遊構造上の金属反射膜 (reflector)、別構造の薄い赤外線吸収層 (IR absorber)、それらの間の空間で構成されている。この構造では、吸収波長は金属反射膜と赤外線吸収層の距離でチューニングすることができ、赤外線吸収層を限界まで薄くすることができる。

第3章で議論したように、画素ピッチを縮小しても感度が低下しないようにするには熱コンダクタンスを小さくする必要があり、そのためには小さな面積のなかに長い支持構造を配置する必要がある。図7-3 (b)

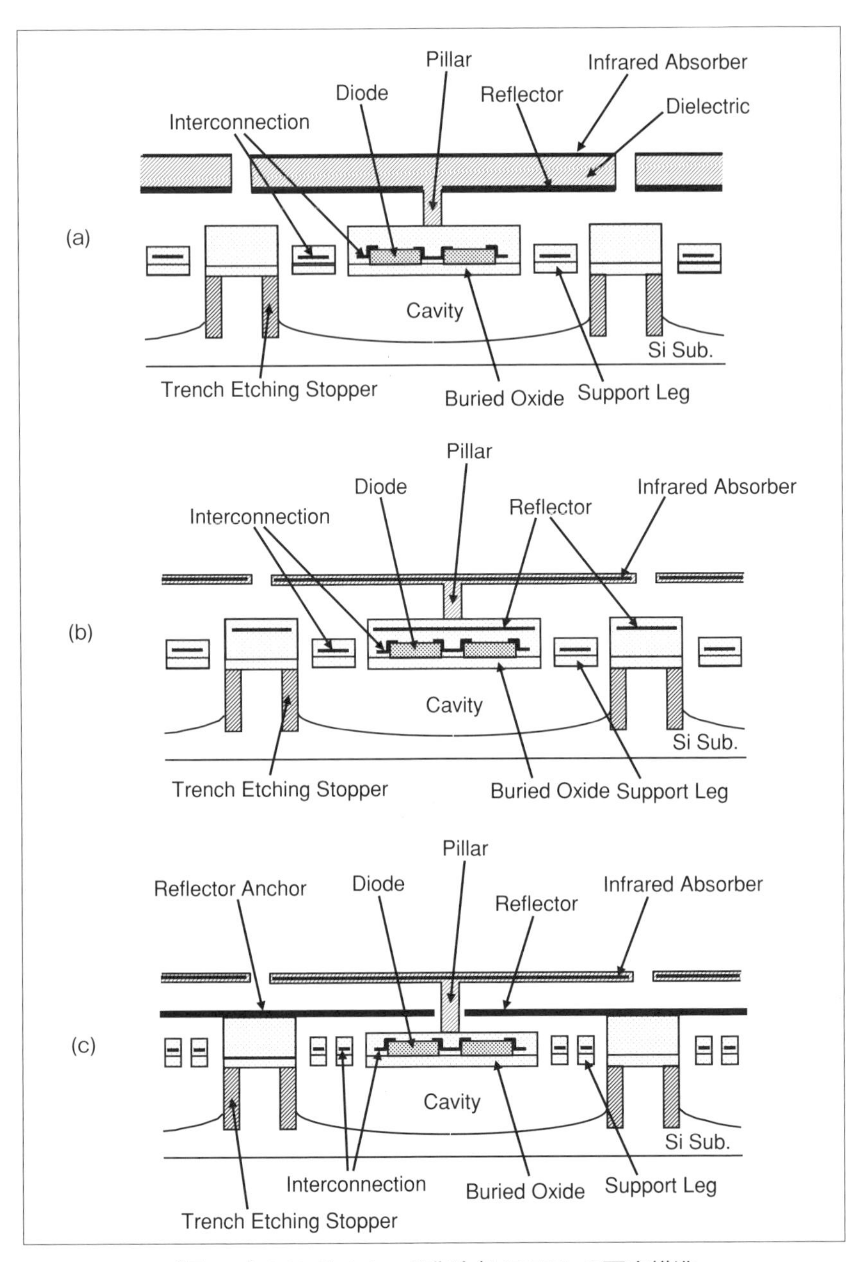

〔図 7-3〕SOI ダイオード非冷却 IRFPA の画素構造

の画素構造では、光学的共振構造は浮遊構造の面積の範囲のみで形成されていて、支持構造の上部の赤外線吸収構造の吸収は十分とは言えない。熱コンダクタンスを低減するために、画素内に占める支持構造に割り当てる面積を増やすと、吸収が不十分な面積が増加し、期待する感度が得られなくなる。画素ピッチ 40 μm の素子では、図 7-3 (b) の画素構造で十分な性能が得られたが、画素ピッチを縮小すると赤外線吸収率が減少するという問題が生じた。

図 7-3 (c) の独立赤外線反射膜を持った構造 (Type III) は、この問題を解決するために開発されたものである[16, 157]。この画素には、浮遊構造と赤外線吸収構造の間に独立した反射膜構造が設けられていて、この反射膜は熱的にはヒートシンクとなる基板にのみに接続されている。この構造では、赤外線吸収構造全体が有効な光学的共振構造として機能するので、高い赤外線吸収率が得られる。さらに、この構造では浮遊構造には反射膜を形成する必要がなく、熱容量を図 7-3 (b) の構造より小さくすることができる。

SOI ダイオード非冷却 IRFPA は、バルクマクロマシニングと表面マイクロマシニングを組み合わせたプロセスで作製される[157, 159]。ウエットマイクロマシニングプロセスはスッティッキングで歩留低下を引き起こすので、非冷却 IRFPA 製造 MEMS プロセスとしてはドライ処理が望ましい。図 7-3 に示した SOI ダイオード非冷却 IRFPA の画素構造を作製するために、2 種類のドライバルク／表面複合マイクロマシニング技術が開発された。一つは Type I と Type II の構造を作製するための一層犠牲層プロセスで、もう一つは Type III 用の二層犠牲層プロセスである。

図 7-4 に Type III の SOI ダイオード非冷却 IRFPA を作製するための MEMS プロセスを示す。CMOS 信号読出回路とダイオード温度センサを形成したのち、第一層目の有機犠牲層をスピンコートし、ベーキングする。犠牲層材料とスピンコート条件を適切に選ぶことで、コーティングされた犠牲層表面を平坦化することができる。次に反射膜構造と基板をつなぐアンカー部 (reflector anchor) の犠牲層を除去、開口し、反射膜金属を蒸着、パターニングする。図 7-4 (1) は、反射膜金属をパターニン

グした直後の状態を示している。続いて、二層目の犠牲層を成膜し、二層の犠牲層を貫通する赤外線吸収構造の支持柱部を開口したのち、二層目の犠牲層上に赤外線吸収構造を作製する（図7-4（2））。その後、図7-4（3）に示すように、XeF_2 でバルクSiのエッチングを行って基板内に空洞を形成する。

XeF_2 エッチングは、ほぼ等方的に進むドライエッチングプロセスで

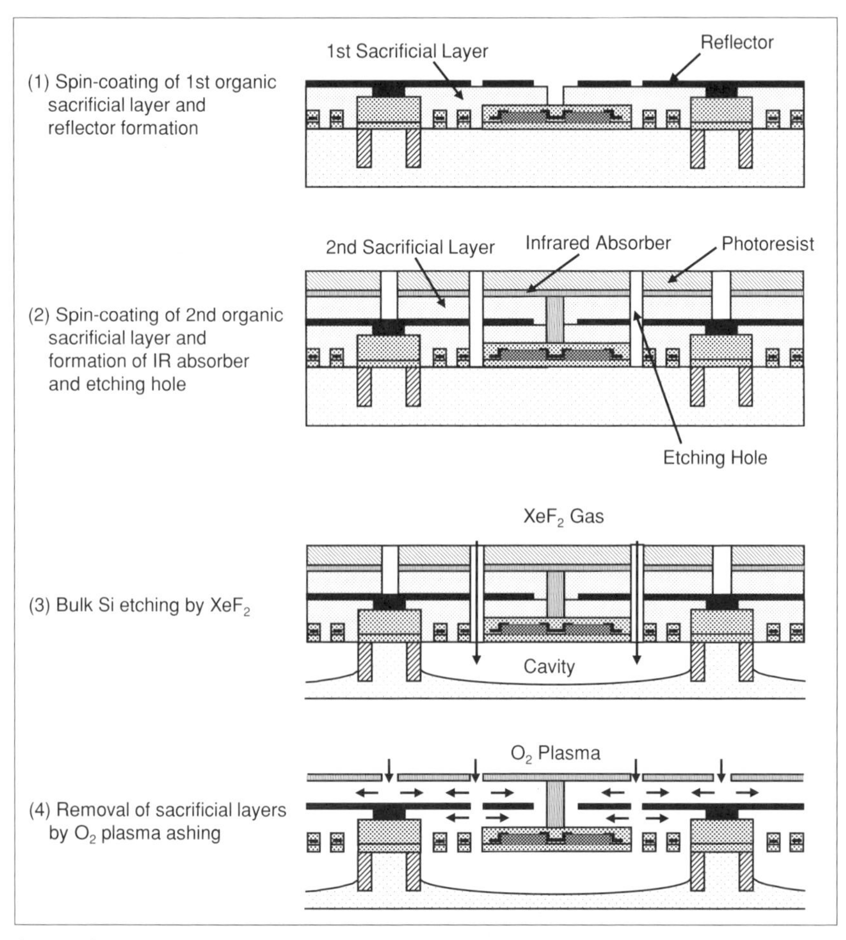

〔図7-4〕独立赤外線反射膜を持つSOIダイオード非冷却IRFPAを製作するためのMEMSプロセス

ある。そのため、SOIダイオード非冷却IRFPAでは、深いトレンチエッチングストッパー（trench etching stopper）領域を画素外周に設けて、隣接する画素の下の空洞がつながることを防いでいる。基板内に空洞を形成するエッチングを行う際、SOI基板内の埋め込み酸化膜（buried oxide）はSOI層（表面の薄い単結晶Si層）に形成したダイオード温度センサを保護するエチングストッパーとしての役割を果たす。最後に、図7-4（4）に示すように、二つの犠牲層を酸素プラズマ処理で除去してType-IIIの構造を完成させる。XeF_2エッチングを画素の中央部分から進むようにしたほうがトレンチエッチングスットパーの深さを浅くすることができる。開発されたMEMSプロセスでは、XeF_2による基板Siエッチングを最終工程にすることで、XeF_2エッチングが画素中央部分から進むようにしている。

図7-5に一層犠牲層プロセスで作製したSOIダイオード非冷却IRFPA

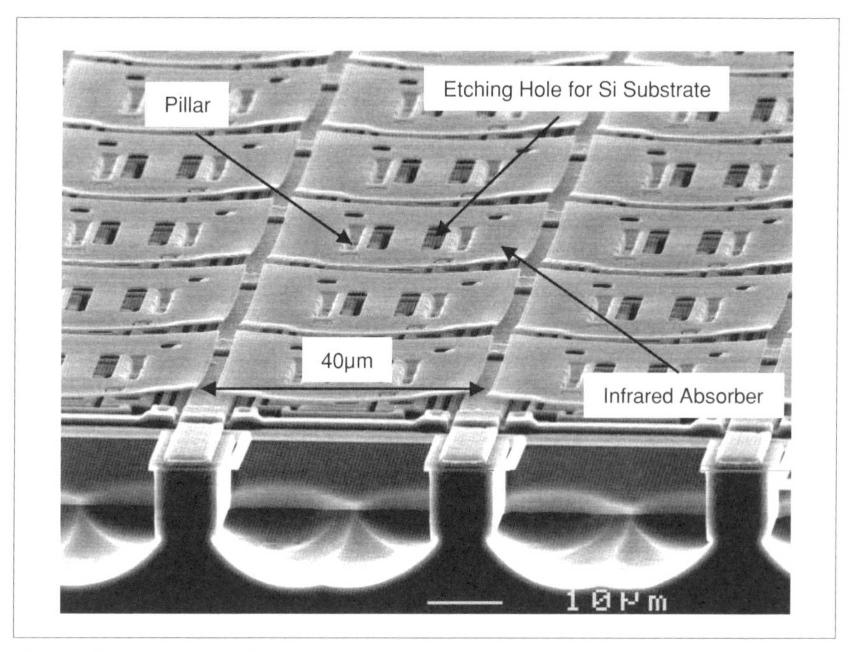

〔図7-5〕一層犠牲層プロセスで作製したSOIダイオード非冷却IRFPAの画素

の Type-II 画素構造の電子顕微鏡写真を示す。この写真で、断面構造と平面レイアウトが確認できる。画素ピッチは 40 μm で、赤外線吸収構造は画素面積の 90% の面積を覆っている。

図 7-6 は画素ピッチ 25 μm の画素の電子顕微鏡写真である。画素ピッチ 25 μm の画素は Type-III の構造で、二層犠牲層プロセスで作製されている。図 7-6 (a) は画素の三層構造の最下部（ダイオード温度センサと支持構造の層)、図 7-6 (b) は画素の三層構造が確認できる赤外線吸収構造アンカー部付近の側面の拡大電子顕微鏡写真である。図 7-6 (a) の細長い支持構造の熱コンダクタンスは 1×10^{-8} W/K である。

図 7-7 に SOI ダイオード非冷却 IRFPA の信号読出回路構成を示す。ダイオード温度センサは順方向にバイアスされた状態で動作する。この動作方式では、非選択の画素のダイオードが逆方向にバイアスされ、列信号線から自動的に切り離された状態になるので、画素選択用トランジスタは不要である。画素は、垂直走査回路（vertical shift register）により一水平期間に一行ずつ選択される。列信号線に現れた選択画素の信号は、画素アレイの外側に設けた積分回路（current source & integrator）で積分される。図 7-7 (b) に示すように、積分回路は、列信号線電圧を入力としてMOS トランジスタで積分容量の電荷を放電する方式である。積分が終了すると、信号はサンプルホールド回路（sample and hold circuit）に

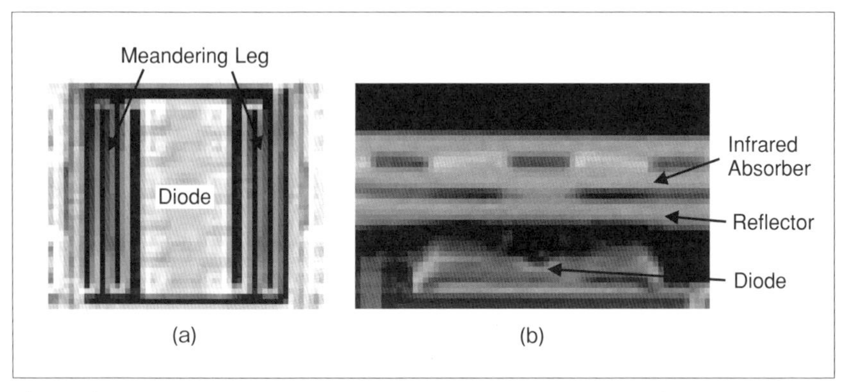

〔図 7-6〕二層犠牲層プロセスで作製した SOI ダイオード非冷却 IRFPA の画素

転送され、続く水平期間に水平走査回路（horizontal shift register）を駆動することで順次外部に読み出す。1画素あたりの信号積分時間は一水平期間に相当する時間（正確には、一水平期間からサンプルホールド回路への信号転送時間を差し引いた時間）になる。信号読出回路は比較的高い電圧で駆動する必要があるので、信号読出回路用のトランジスタはSOI層ではなく、埋め込み酸化膜の下のバルクSi上に形成されている。

これまでに、画素ピッチが40 μmから15 μm、画素数が320×240画素から2000×1000画素のSOIダイオード非冷却IRFPAが開発されている[16, 29, 34, 160, 161]。最初に開発された画素ピッチ40 μmの素子は、Type IIの画素構造を有していたが、画素ピッチ25 μm以降はType IIIの構造が採用されている。画素ピッチ25 μmの第一世代の640×480画素非冷却IRFPAのNETDは、40 mK (@ F/1)[34]と報告されている。このIRFPAの撮像例を図7-8に示す。その後、ダイオードの分離領域の面積を減らすことができるダイオードレイアウトと配線方式が開発され[160]、小さな画素内に配置するダイオードの数を増やすことで感度向上が図られ、第

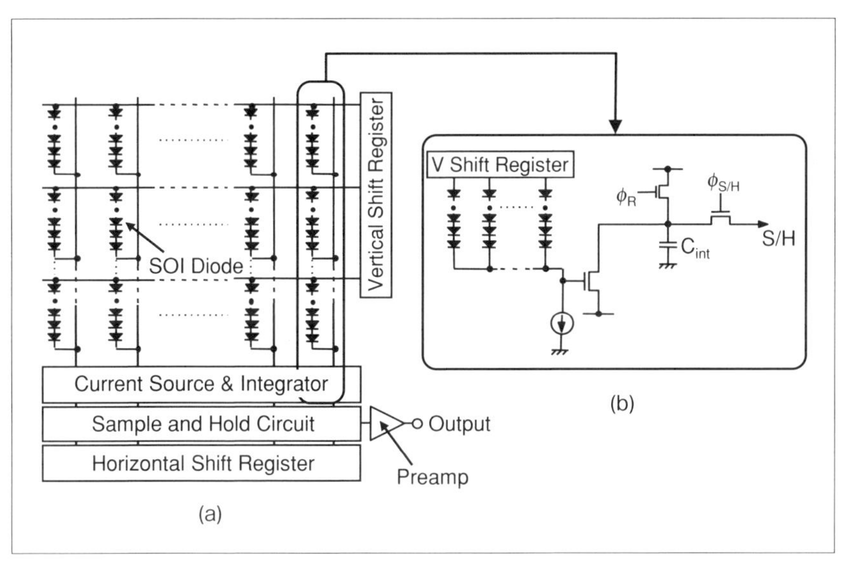

〔図7-7〕SOIダイオード非冷却IRFPAの信号読出回路構成

〔図 7-8〕画素ピッチ 25 μm の 640 × 480 画素の SOI ダイオード非冷却 IRFPA の撮像例

二世代の 640 × 480 画素非冷却 IRFPA の NETD は 21 mK（@ F/1）まで低減できたと報告されている[161]。

表 7-1 に SOI ダイオード非冷却 IRFPA の仕様をまとめた。

上記以外の単結晶 Si ダイオードを温度センサに用いた非冷却 IRFPA も開発されている。エレクトロケミカルエッチングの特徴を生かして基板内に空洞を形成するものはこの一例である[162]。このダイオード非冷却 IRFPA は、SOI ダイオード方式と異なり、最後の基板エッチング工程を除いてすべて標準的な CMOS 技術で作製することができる。この方

〔表 7-1〕SOI ダイオード非冷却 IRFPA の仕様

Array Size	320 × 240	320 × 240	320 × 240	640 × 480	640 × 480	2000 × 1000
Pixel Size	40 × 40 μm	28 × 28 μm	25 × 25 μm	25 × 25 μm	25 × 25 μm	15 × 15 μm
Chip Size	17.0 × 17.0 mm	13.5 × 13.0 mm	12.5 × 13.5 mm	20.0 × 19.0 mm	20.0 × 19.0 mm	40.3 × 24.75 mm
Number of Diodes	8	6	6	6	10	10
G_T	1.1×10^{-7} W/K	4.0×10^{-8} W/K	1.6×10^{-8} W/K	1.6×10^{-8} W/K	NA	NA
Sensitivity	930 μV/K	801 μV/K	2842 μV/K	2064 μV/K	6600 μV/K	NA
Noise	110 μVrms	70 μVrms	102 μVrms	83 μVrms	140 μVrms	NA
Nonuniformity	1.46%	1.25%	1.45%	0.90%	0.60%	0.56%
NETD (@F/1.0)	110 mK	87 mK	36 mK	40 mK	21 mK	65 mK

NA: Data Not Available

式では、CMOS プロセス終了後、CMOS プロセスで作製した構造をマスクとして、基板エッチング用のエッチングホールを形成しているので、ポストシリコン工程では追加のマスクは必要ない。この技術で、画素ピッチ 40 μm の 128 × 128 画素の非冷却 IRFPA が開発されている[163]。この素子は、0.35 μm の CMOS ファウンドリのプロセスを利用して試作されていて、開口率は 44%、熱コンダクタンスは 1.8×10^{-7} W/K と報告されている。

ショットキバリアダイオードを温度センサに用いた非冷却 IRFPA も提案されている[164]。この非冷却 IRFPA はショットキバリアダイオードの暗電流の温度依存性を利用して温度をセンシングするもので、ショットキバリアダイオードは逆方向バイアスで動作させる。動作温度は、ショットキバリアのバリア高に依存するので、バリア高が低いダイオードを用いる場合は素子を冷却する必要がある。最適化された素子では 6%/K という大きな暗電流の温度依存性が得られ、$NETD$=6 mk が得られる可能性があると報告されている。

第8章

バイマテリアルとサーモオプティカルIRFPA

これまで紹介した熱型赤外線検出器は、温度変化を電気的な変化に変換する温度センサを用いたものであった。温度センサとしては、温度変化による機械的変位を検出するものも古くから利用されており、こうした温度センサを用いて赤外線検出器を作ることができる。Oden 等は熱膨張係数の異なった材料を積層した薄膜構造で赤外線検出の原理検証を行っている[51]。彼らは、電気的に変位をモニタするためにピエゾ素子を、光学的に変位をモニタするのに原子力顕微鏡のプローブチップを用いて評価を行い、前者は、NETD が 90 mK、後者は D* が 3.6×10^7 cm · $Hz^{1/2}$/W という性能を得ている。

Oden 等の研究は、Sarnoff 研究所（後にスピンオフして Sarcon）のバイマテリアル非冷却 IRFPA の開発へと発展した[165, 166]。図 8-1 にバイマ

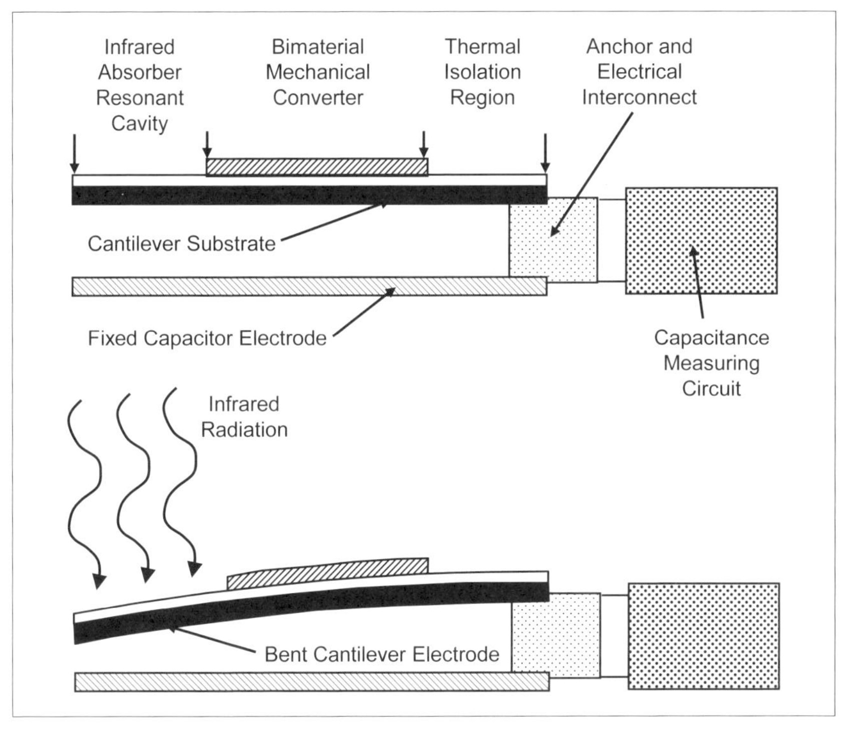

〔図 8-1〕バイマテリアル非冷却 IRFPA の動作原理

テリアル熱型光検出器の動作原理を示す。このバイマテリアル熱型光検出器は、バイマテリアルを含んだ構造が片持ち梁構造となっていて、温度変化によるメンブレン構造の変形を、梁構造に形成された電極と固定電極で形成されるキャパシタの容量変化として検出するものである[167]。

Sarnoff研究所のバイマテリアル非冷却IRFPAの画素は、赤外線吸収部（infrared absorber resonant cavity）、バイマテリアル部（bimaterial mechanical converter）、断熱支持構造部（thermal isolation region）の3つの部分から構成されている。赤外線吸収部は、入射した赤外線を吸収し、赤外線エネルギーを熱エネルギーに変換し、赤外線吸収部とバイマテリアル部の温度を上昇させる。バイマテリアル部の二種類の部材はお互いにしっかり接合されているので、温度が変化に対して同じ大きさの寸法変化をすることになる。したがって、温度が上昇した場合、小さな熱膨張係数を持った薄膜材料には引っ張り応力が、大きな熱膨張係数を持った薄膜材料には圧縮応力が発生し、この応力勾配によってバイマテリアル部が変形する。バイマテリアル材料として、アモルファスSiC/Alとアモルファス SiC/Auの組み合わせが検討された。アモルファスSiCの熱膨張係数は4×10^{-6} /KでAlおよびAuに比べ小さく、また熱伝導率は0.35 W/m·KとSi LSIプロセスで使用される他の誘電膜と比較して小さい。

図8-2にSiC/Alバイマテリアル非冷却IRFPAの画素断面構造と平面レイアウトを示す。厚さが0.2 μmで長さが50 μmのバイマテリアル構造をシミュレーションしたところ、0.18 μm/Kの機械的変形感度（mechanical sensitivity）が得られ、初期ギャップが0.5 μmのキャパシタを考えた場合、電気的感度（容量温度係数）は36%/Kになったと報告されている。この素子における電気的感度は、抵抗ボロメータのTCR（半導体を用いた場合2%/K程度）に相当するものであり、画素ピッチ50 μmのSiC/Alバイマテリアル非冷却IRFPAでは5 mKのNETD（@ F/1.0）が期待できると予想された[165]。

バイマテリアル方式の非冷却IRFPAのデバイスの開発では、材料の応力制御、アンカーの製造技術、犠牲層材料とリリースプロセス、赤外線吸収構造の設計、パルス通電読出しによるメンブレンの振動などの問題の解決に多大な努力が払われた[168]。しかし、開発された画素ピッチ50 μmの320×240画素バイマテリアル非冷却IRFPAのNETDは1.8 Kにとどまった。また、NETDとそのバラツキは温度に強く依存しているという問題も確認された[165]。こうした悲観的な結果にもかかわらず、Sarconの技術は、別の企業に引き継がれ、性能改善の努力が続けられた[169]。

バイマテリアル構造の変形は光学的も計測することもできるので、いくつかの光学読出バイマテリアル非冷却IRFPAが開発されている[170-172]。Ishizuya等は、画素ピッチ55 μmの266×194画素光学読出バイマテリアル非冷却IRFPAを開発した[171]。この素子の画素構造と光学読出方法を図8-3に示す。光学読出方式では、断熱された浮遊構造上の温度センサと信号読出回路を接続する金属配線が不要となるため、熱コンダクタンス低減は抵抗ボロメータ方式より容易で、画素構造と製造プロセスは簡素化することができる。

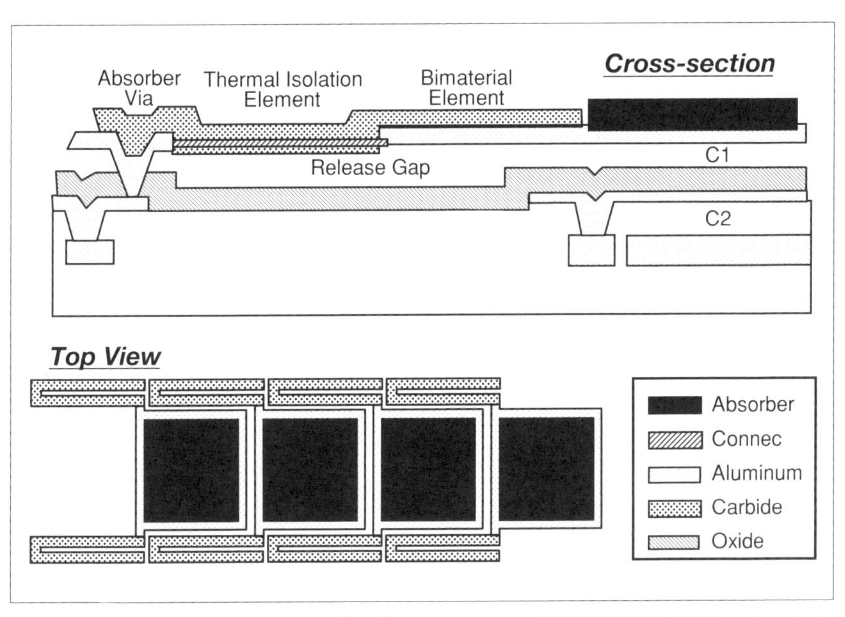

〔図8-2〕SiC/Alバイマテリアル非冷却IRFPAの画素断面構造と平面レイアウト

薄いSi基板がLWIR波長域の赤外線を透過するので、Ishizuya等の光学読出バイマテリアル非冷却IRFPAでは裏面入射方式が採用されている。図の構造では、バイマテリアル梁部の温度変化による変形で赤外線吸収部上に形成された反射膜構造体（reflector）の傾きが変化する。反射膜構造体の傾きは、図8-3（b）に示すように、可視プローブ光（visible light for readout）を素子上面から当て、その反射光をCCDで光強度変化として検出する。CCDが受光する光は可視光であるので、CCDを人の目に置き換えれば、直視型の非冷却赤外線イメージング装置を構成することもできる。

Zhao等も光学読出バイマテリアル非冷却IRFPAを開発した[172]。彼等の方式の基本構造はIshizuyaの方式と同じであるが、読出用の光源とし

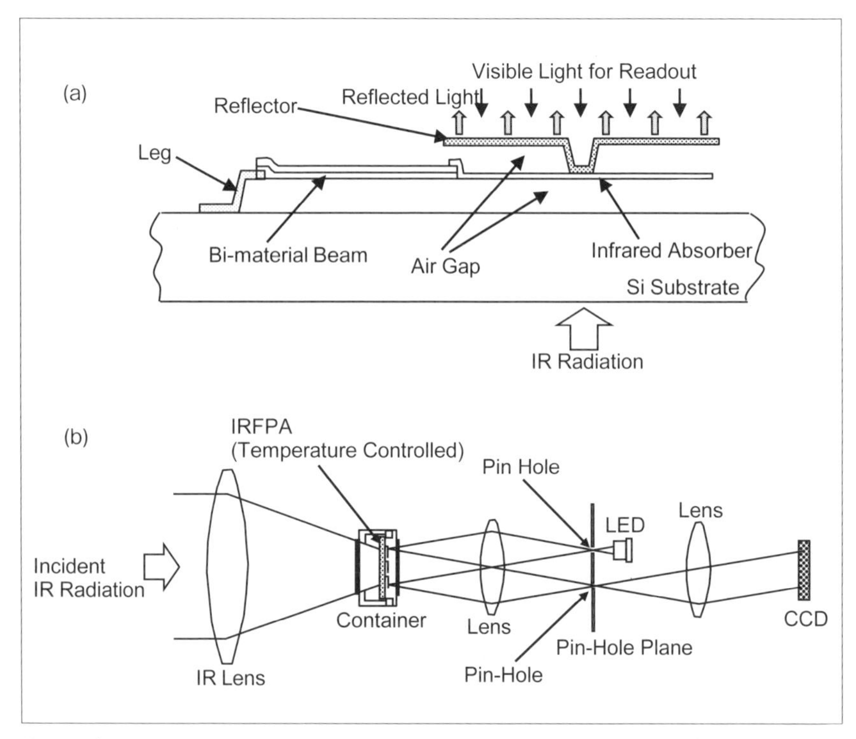

〔図8-3〕光学読出バイマテリアル非冷却IRFPAの画素構造と赤外線カメラの構成

てレーザ光を用い、画素内の浮遊構造部エッジと基板で散乱される光の干渉を利用してバイマテリアル構造の変形を計測している。この方式で、画素ピッチが 65 µm の 300×300 画素の光学読出バイマテリアル非冷却 IRFPA が試作され、F/1.0 の光学系を用い、10 fps で動作させたときの NETD が 200 mK であったと報告されている。

電気出力温度センサも機械変形温度センサも利用しないサーモオプティカル（thermo-optical）非冷却 IRFPA も開発されている。ファブリペロ（Fabry-Perot）チューナブルフィルタの透過特性の温度特性を利用した方式[52, 173]や、常誘電相（paraelectric phase）で動作する電気光学結晶（electrooptical crystal）を利用しや方式[174]などが代表的な例である。

ファブリペロチューナブルフィルタを用いたサーモオプティカル非冷却 IRFPA の画素と、この素子を使用した赤外線カメラの構成を図 8-4 に示す。アモルファス Si とシリコン窒化膜で構成したファブリペロ干渉フィルタのサーモオプティカル係数（thermo-optical coefficient、屈折率の温度依存性）は 300 K 付近で 2.3×10^{-4} /K で、0.06 nm/K の透過特性の温度依存性を持っている。

ファブリペロチューナブルフィルタ非冷却 IRFPA は、近赤外領域で透明な基板材料（NIR-transparent substrate）の上に、それぞれが断熱された小さなフィルタを 2 次元配列することで構成される。図 8-4 に示すように、赤外線イメージは非冷却 IRFPA 上に結像され、結像された赤外線強度の分布にしたがってフィルターアレイの中に温度分布を生じる。この非冷却 IRFPA には、均一な近赤外プローブ光（NIR probe light beam）もビームスプリッター（spliter）を通して入射しており、非冷却 IRFPA 上の各画素でフィリタリングされた透過近赤外光が CCD または CMOS 近赤外イメージセンサ（CCD/CMOS and readout circuits）上に結像される。

図に示す赤外線カメラでは、上記構成で非冷却 IRFPA 上の赤外線強度分布を近赤外強度分布に変換している。この方式では、近赤外プローブ光の放射スペクトルとそのピーク波長が画素フィルタの透過スペクトルが最も大きな変化をしている波長域と一致すると最大感度が得られ

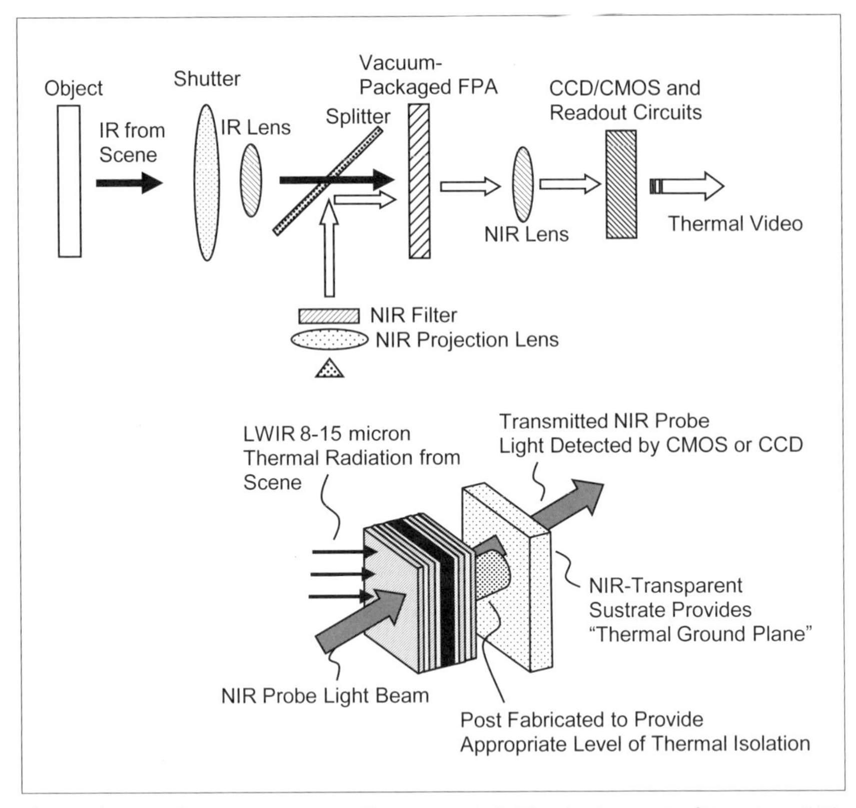

〔図 8-4〕ファブリペロチューナブルフィルタを用いたサーモオプティカル非冷却IRFPA の画素と赤外線カメラの構成

る。サーモオプティカル方式の非冷却IRFPAとしては、六角形の形状と中空支持構造を持った画素ピッチ50 μmの160×120画素の非冷却IRFPAが開発され、F/0.86の光学系を用い、20 fpsのフレームレートで動作させたとき、280 mKのNETDが得られたと報告されている。

非冷却IRFPAの
真空パッケージング技術

９－１　真空パッケージングの必要性

第３章で議論したように、非冷却IRFPAが収納されているパッケージ内部の雰囲気（気体の種類と圧力）は、熱的な性質を反映して非冷却IRFPA性能に大きな影響を及ぼすので、高性能非冷却IRFPAは真空パッケージングされる。本章では非冷却IRFPAの真空パッケージング技術を紹介する。

図9-1に非冷却IRFPAの相対感度（relative responsivity）のパッケージ内部圧力（pressure）依存性の計算例を示す。この例では、パッケージ内部の気体はN_2ガス、画素ピッチは50 μm、支持構造の熱コンダクタンスは1×10^{-7} W/Kとしており、1000 Pa以下では窒素分子の平均自由工程が受光部－基板間の距離より長いので、気体を通した熱伝達は分子流モデルで扱っている。感度は圧力の低下とともに大きくなり、1～0.1 Pa以下で飽和するので、これより高い真空度でパッケージングし、デバイスに要求される寿命を経過後もその真空度を維持する必要がある。

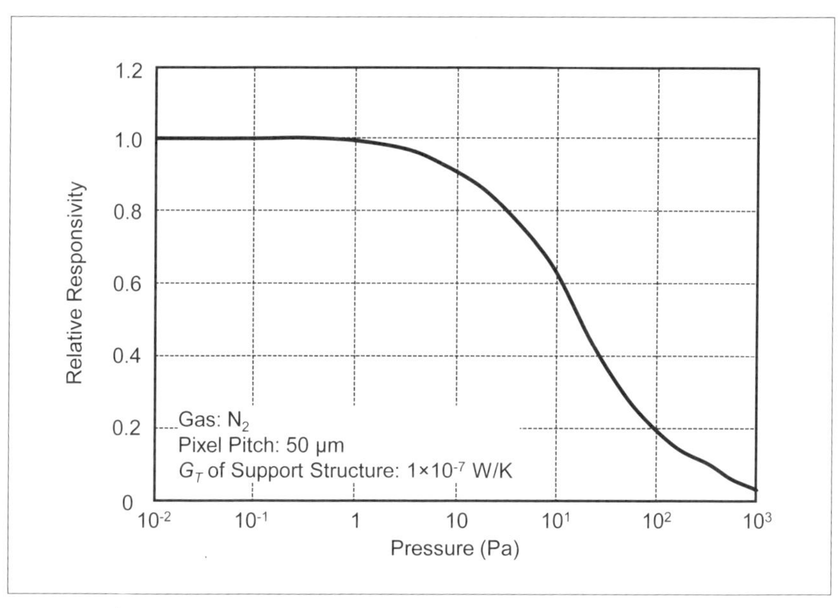

〔図9-1〕非冷却IRFPAの感度のパッケージ内部圧力依存性

図9-2に示すように、気体の熱伝導率は分子量（molecular weight）に依存し、分子量の大きな気体ほど熱伝導率が小さい。したがって、N_2ガス封止された非冷却IRFPAよりArガスやXeガスを封入したパッケージに収納した非冷却IRFPAのほうが高感度になる。Xeの熱伝導率は窒素の1/5程度であるが、ガス置換の効果は画素設計に依存し、改善率は5倍より小さくなる。図9-3に支持構造の熱コンダクタンスの小さいサーモパイル熱型赤外線検出器の感度の圧力依存性（雰囲気は窒素とほぼ同等の熱伝導率を持った空気）と大気圧のXeガス中での感度の測定結果を示す。この例では、Xeガス置換により4倍の感度向上がみられたが、これはN_2ガス封止の100 Pa程度の感度に相当し、高真空中の感度に比べかなり低い。この結果から、限界の感度を追求する赤外線イメージング用非冷却IRFPAでは真空パッケージングが必須であることが理解できる。

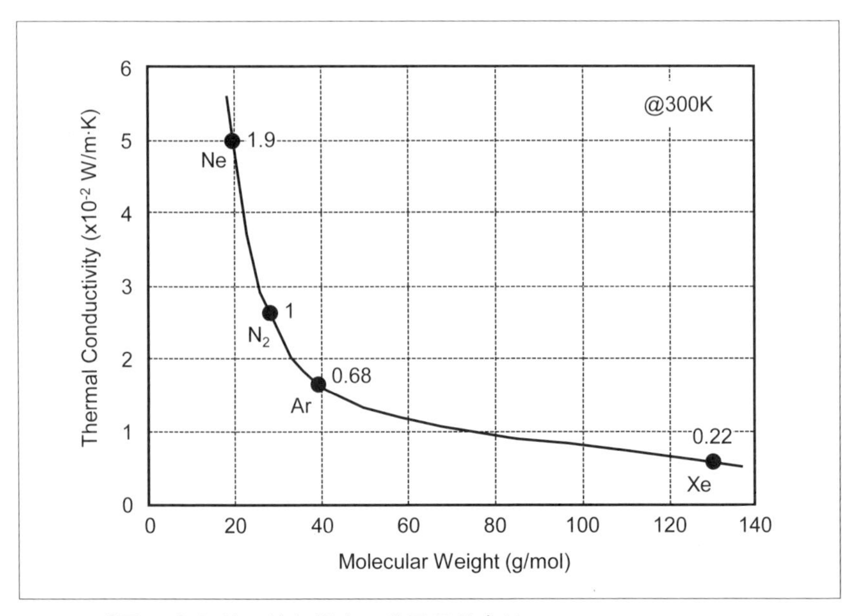

〔図9-2〕気体の熱伝導率の分子量依存性
（図中の数値は、N_2の分子量を基準にした相対分子量）

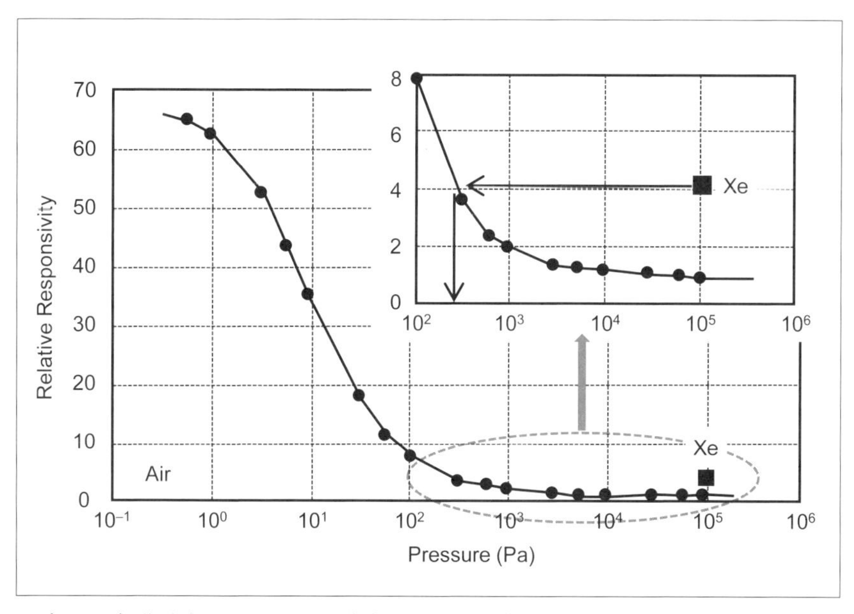

〔図 9-3〕非冷却 IRFPA の相対感度の圧力依存性（空気）と Xe 封止の効果

9－2　初期の真空パッケージング技術

図9-4に初期のVOx抵抗ボロメータ非冷却IRFPA[15)]の真空パッケージの構成[1)]を示す。このパッケージの部材は、ガス放出が少なくなるよう洗浄、ベーキングされ、ロウ付けまたはハンダ付けにより組み立てられる。パッケージ内には、高真空を維持するためのゲッター（Zr getter）と、非冷却IRFPAの温度を一定に保つためのペルチエ素子（TE stabilizer）が

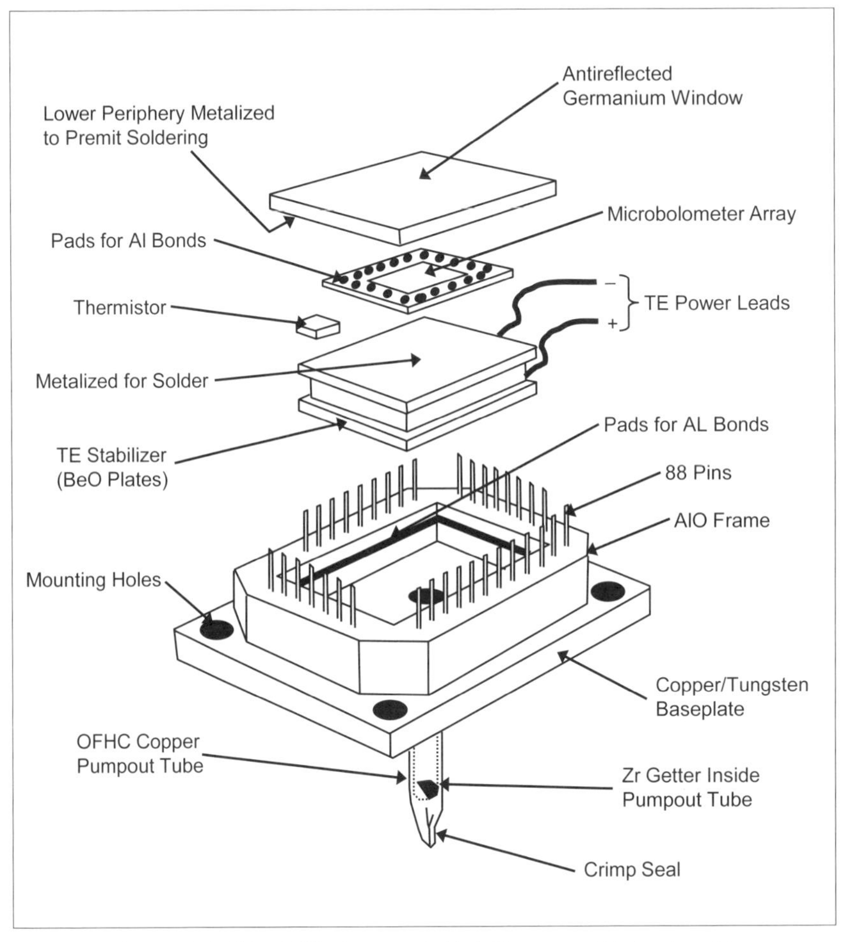

〔図9-4〕初期の抵抗ボロメータ非冷却IRFPA用パッケージ

内蔵されている。このパッケージは、ペルチエ素子と非冷却IRFPAを実装して窓を接合したのち、一素子ずつ長時間真空引きし、最後に真空引きチューブ（OFHC copper pumpout tube）を潰して封じきる方法で真空封止されていた。

9－3　低コスト化への取り組み

9－3－1　ウエハレベル真空パッケージング

図9-4に示すパッケージの真空封止プロセスは、コストがかかり大量生産には不向きである。このパッケージングの問題点は、真空封止処理が1素子ずつ行われる点であるので、多くの素子を一括処理する方法で生産性向上と低コスト化が図れる。ウエハ単位で真空パッケージングを行うウエハレベル真空パッケージング（wafer-level vacuum packaging）は、多数の非冷却IRFPAを一括真空封止する低コスト真空パッケージング技術である。

Cole等は、IVP（integrated vacuum package）技術を開発した[175)]。これはSiキャップウエハと非冷却IRFPAウエハからなる接合ウエハを一括真空封止するウエハレベル真空パッケージング技術である。IVPの構造を図9-5に示す。ウエハ接合は鉛スズハンダ（PbSn solder）で行う。IVPの真空空間の容積は非常に小さく、ウエハ接合中のわずかな脱ガスでも

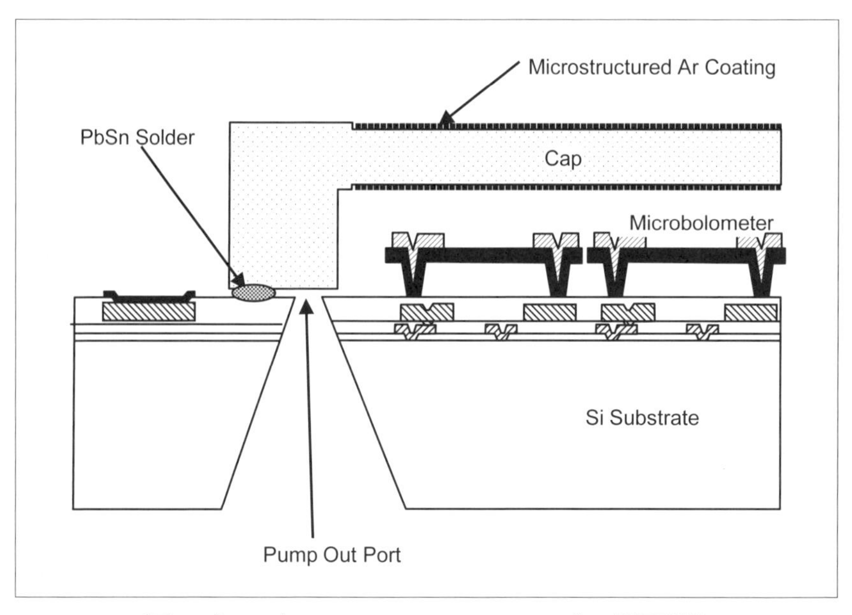

〔図9-5〕IVP（integrated vacuum package）の断面構造

真空度が劣化するため、真空封止を行う前に十分なベーキングを行う。非冷却IRFPAウエハには真空引きの穴（pump out port）が設けられていて、接合した状態で真空引きを行い、非冷却IRFPA裏面に金属を蒸着することで真空引きの穴を塞いで封止する。キャップウエハには、フローティングゾーン（floating zone: FZ）法で作製された厚さ250 μmのSi基板が用いられている。SiのLWIR波長域での吸収係数はゲルマニウムに比べ大きく、透過率の観点からは最適な材料とはいえないが、キャップウエハの厚さが薄いので実用上問題はない。また、FZ Siは酸素ドナー密度が小さいので、CZ（Czchraski）Siで見られる波長9 μm付近の酸素ドナーの吸収も抑制できる。Siがむき出しの状態では表面反射が大きいので、キャップウエハの両面に反射防止のためのサブ波長の微細構造（microstructured AR coating）を作製している。

Cole等の技術は実用化に至らなかったが、図9-6に工程を示すウエハレベル真空パッケージングの開発が進められ、製品に適用した例も見られるようになった。このウエハレベル真空パッケージングでは、IRFPAウエハ（IRFPA wafer）とキャプウエハ（cap wafer）を真空中で接合（bonding in vacuum）すること真空封止し、その後ダイシング（dicing）して個々の素子（packaged IRFPA）に分離する。

図9-7に図9-6のウエハレベル真空パッケージングで作製された非冷却IRFPAの断面構造を示す[135, 136]。図9-7に示したのはダイシング前の

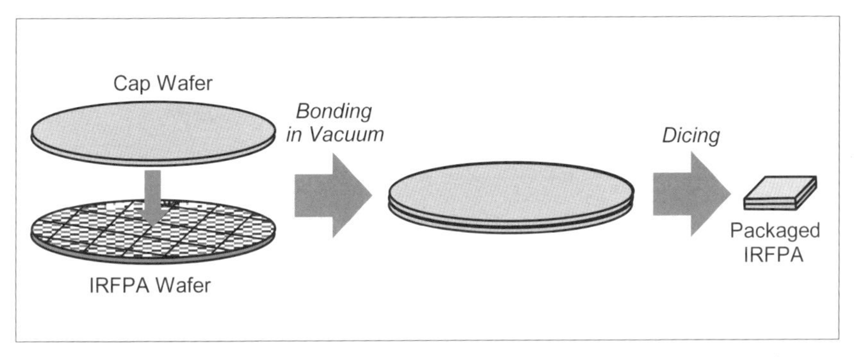

〔図9-6〕真空中ウエハ接合によるウエハレベル真空パッケージング

状態である。キャップウエハ（cap wafer）には画素アレイ（pixel array）とダイシンのためのキャビティーが設けられ、真空キャビティー（vacuum hollow）内には真空維持のためのゲッター（getter）が蒸着されている。封止はハンダ（solder）を用いて行う。ハンダ接合を行うため、センサウエハとキャップウエハの接合部はメタライズ（metallization）されている。キャップウエハはSiである。

非冷却IRFPAの内部回路からの配線は、ハンダ封止部分を横断して真空キャビティー外部に取り出されており、ダイシングする際、ボンディングパンド部分（bonding pad）の窓ウエハは除去して開口される（dicing for bonding pad opening）。ハンダは充填性があるので、配線の凹凸がある封止領域も機密封止することができる。プロセスを経たウエハは、表面に形成した膜の応力のため反っているので、2枚のウエハを接合するためにはウエハに力を加えて平坦化する必要がある。ハンダが溶けた状態でウエハに力を加えるとハンダが接合部の外にはみ出してしまう。そのため、ハンダ層の厚さを一定に保つために、図示していないスペーサが形成されていると思われる。

キャップウエハの製造については、詳細は報告されていないが、図

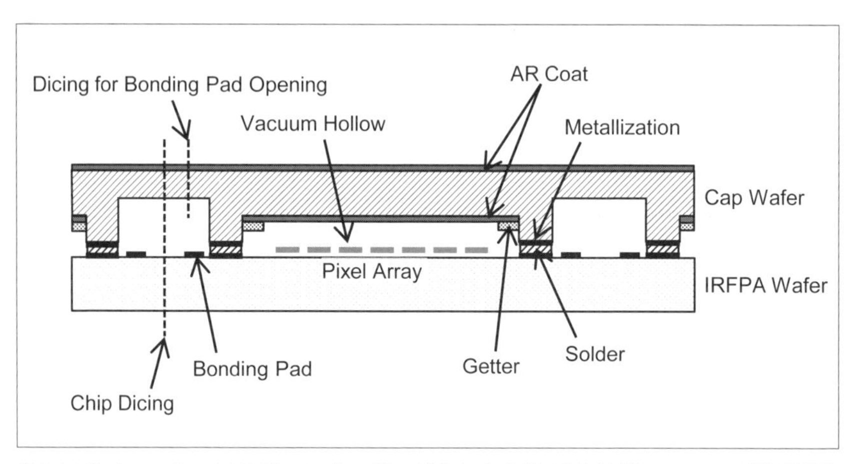

〔図9-7〕ウエハレベル真空パッケージングされた非冷却赤外線IRFPAの断面構造（ダイシング前）

9-8に推定されるキャップウエハの製造プロセスを示す。最初にSiエッチングを行い、真空部分とボンディングパッド開口部の窪みを形成する(hollow formation for vacuum and dicing)。こうした加工はMEMS技術では一般的なものである。その後、両面に反射防止膜を蒸着（AR coat deposition）する。さらに、ゲッターを真空キャビティーの窪み内に形成(getter deposition）し、最後にハンダ接合用の金属とハンダ層を形成してキャップウエハが完成する（metallization and solder deposition)。図9-9と図9-10にウエハレベル真空パッケージングを行う前のセンサウエハとキャップウエハの外観とダイシングされた非冷却IRFPAの外観を示す。

図9-11にウエハレベル真空パッケージングの窓ウエハに替えてレン

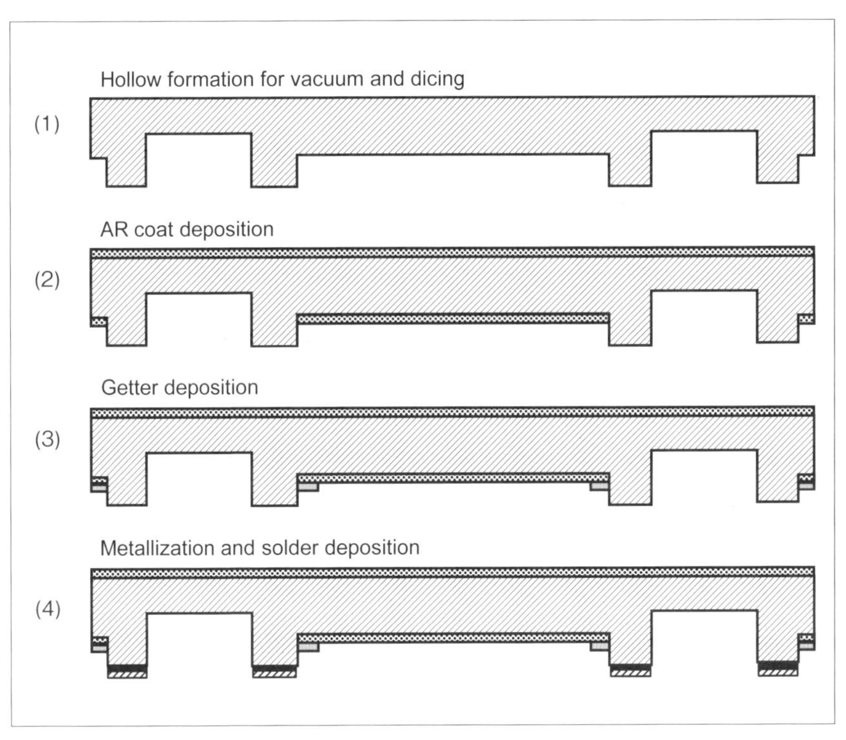

〔図9-8〕ウエハレベル真空パッケージ用キャップウエハの製造プロセス

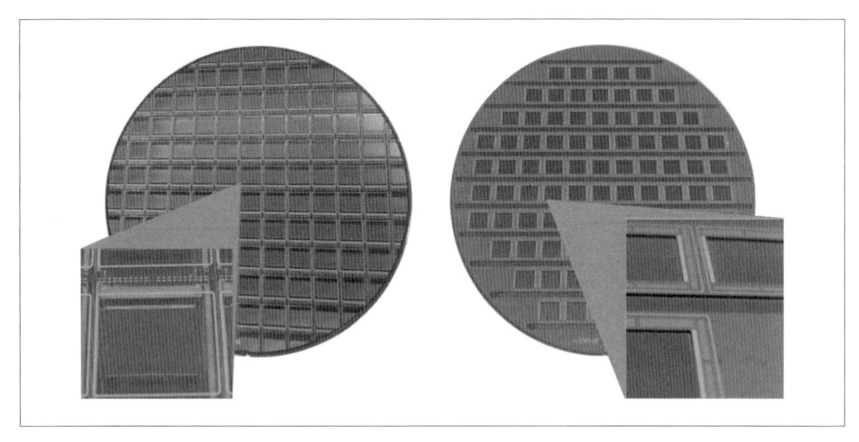

〔図 9-9〕ウエハレベル真空パッケージングを行う前のセンサウエハとキャップウエハ

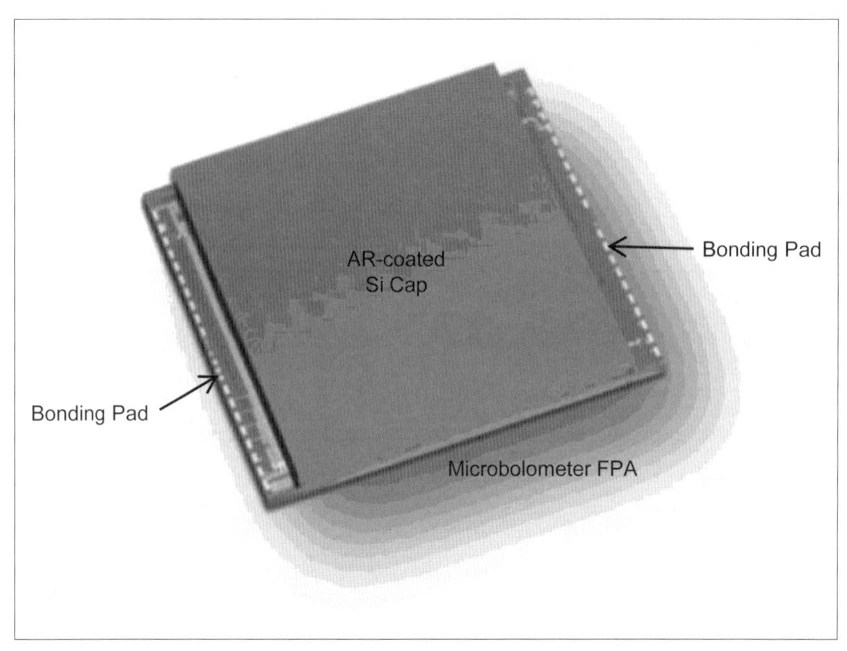

〔図 9-10〕ウエハレベル真空パッケージング後ダイシングされた非冷却 IRFPA

ズを多数形成したレンズウエハを用いるウエハレベルオプティクス（wafer-level optics）の構想を示す[129]。焦点調整のためスペーサウエハ

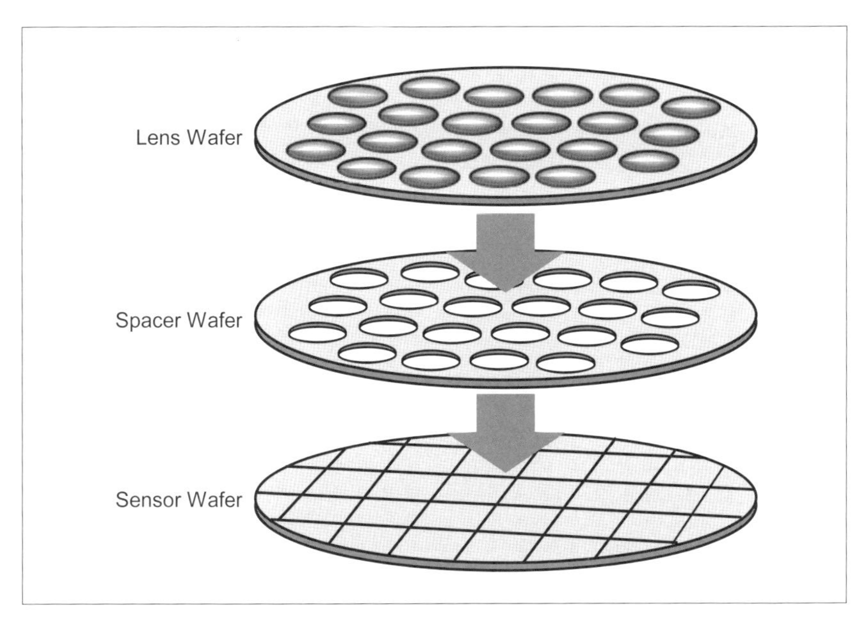

〔図 9-11〕ウエハレベルオプティクスの構想

(spacer wafer) がセンサウエハ (sensor wafer) とレンズウエハ (lens wafer) の間に挟まれている。この3枚のウエハ (または最後に接合するウエハ) を真空中で接合することで超小型レンズ付非冷却 IRFPA ウエハが完成する。米国では、こうした構想を実現するための技術開発が進められている。

9－3－2　チップレベル真空パッケージング

図 9-12 は、もう一つの低コスト真空パッケージング技術であるチップレベル真空パッケージング (chip-level vacuum packaging)[176] を説明する図である。図の左下に示すように、この技術では、センサウエハ (IRFPA wafer) の上にダイシングされたリッドチップ (lid chip) をかぶせて封止する。リッドチップは、ウエハ形状のジグを使って対向するセンサウエハに位置合わせした状態で保持し、ウエハレベル真空パッケージングと同じようにウエハ全体を一括真空封止する。非冷却 IRFPA は、ウエハ状態でプロービングすることで簡易的な良否判定を行うことができるの

で、チップレベル真空パッケージングでは、良品チップのみにキャップを接合することで不要なキャップの消費を防ぐことができる。また、キャップチップにウエハレベル真空パッケージングのように真空部分やダイシング開口部の窪みを形成する加工は必要ではなく、ハンダの厚さでキャビティーの高さが決まるように工夫されている。

チップレベルパッケージング技術の有用性を確認するために、画素ピッチ 25 μm の 160×120 画素の SOI ダイオード非冷却 IRFPA が試作された[176]。非冷却 IRFPA のチップサイズは 14.5×13.5 mm^2 で、厚さは 0.625 mm である。リッドチップのサイズは 10.6×12.1 mm^2、厚さは 0.5 mm で、50 μm の厚さの SnCu ハンダで封止された。得られた真空度は 0.5 Pa 以下であることが確認されている。図 9-13 にチップレベル真空パッケージングで作製した非冷却 IRFPA 外観と接合部拡大写真を示す。

9－3－3　バッチ処理真空パッケージング

Mottin 等は、4 個の非冷却 IRFPA を同時に真空パッケージングできる技術を発表した[126]。彼らのパッケージは 4 インチのウエハを加工したもので、非冷却 IRFPA を 4 個収納するためにキャビティーが形成され、

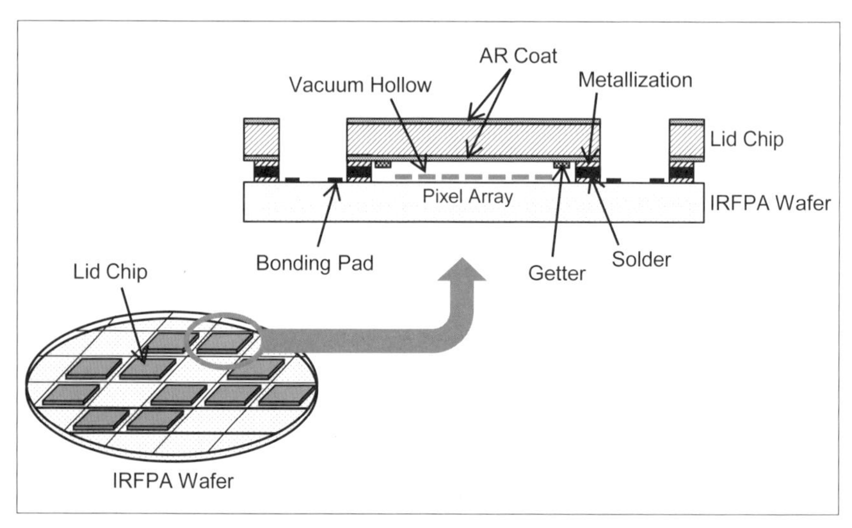

〔図 9-12〕チップレベル真空パッケージング

低温で活性化できる非蒸発ゲッターも内蔵されている。この方式はバッチ処理真空パッケージングの原型と考えられる。

その後、本格的なバッチ処理真空パッケージング（batch vacuum packaging）技術が開発されている[177, 178]。図 9-14 にバッチ処理真空パッ

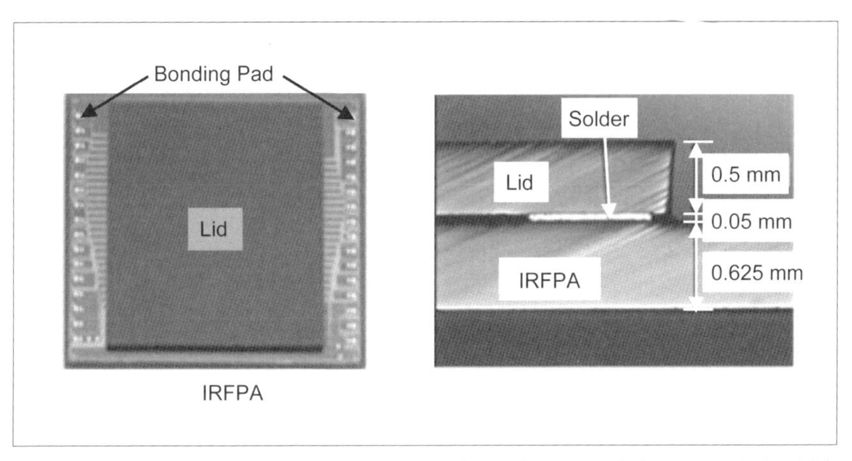

〔図 9-13〕チップレベル真空パッケージングで作製した非冷却 IRFPA 外観（左）と接合部拡大写真（右）

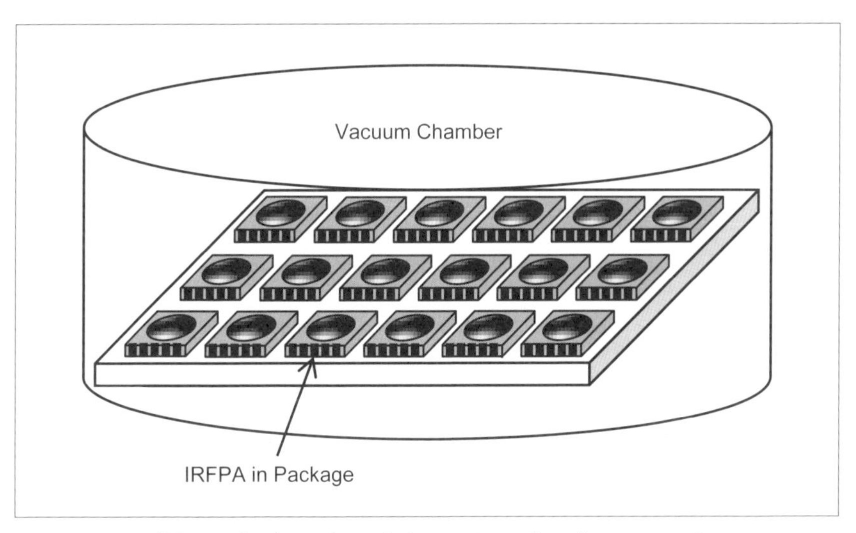

〔図 9-14〕バッチ処理真空パッケージングのイメージ

ケージングのイメージを示す。この方式では、従来の真空パケージング方式と同じようにセラミックまたはメタルパッケージが用られるが、真空層（vacuum chamber）の中で多数のパッケージを一括真空封止する。バッチ処理真空パッケージングでも、キャップとパッケージをハンダ接合することで封止が行われる。

図9-15にバッチ処理真空パッケージングに用いられる部材と真空パッケージング終了後の非冷却IRFPAの外観を示す。この例では､部材は､複数のパッケージを一体成型したセラミックパッケージ（ceramic package)、ゲッターを内部に蒸着したキャップ（cap with getter)、ハンダ接合用にメタライズされたSi窓（Si window）の3つである。報告されている技術では、これら3つの部材をすべて真空中で組み立てることができる。真空封止プロセスでは色々な温度の処理が必要となるが､通常､

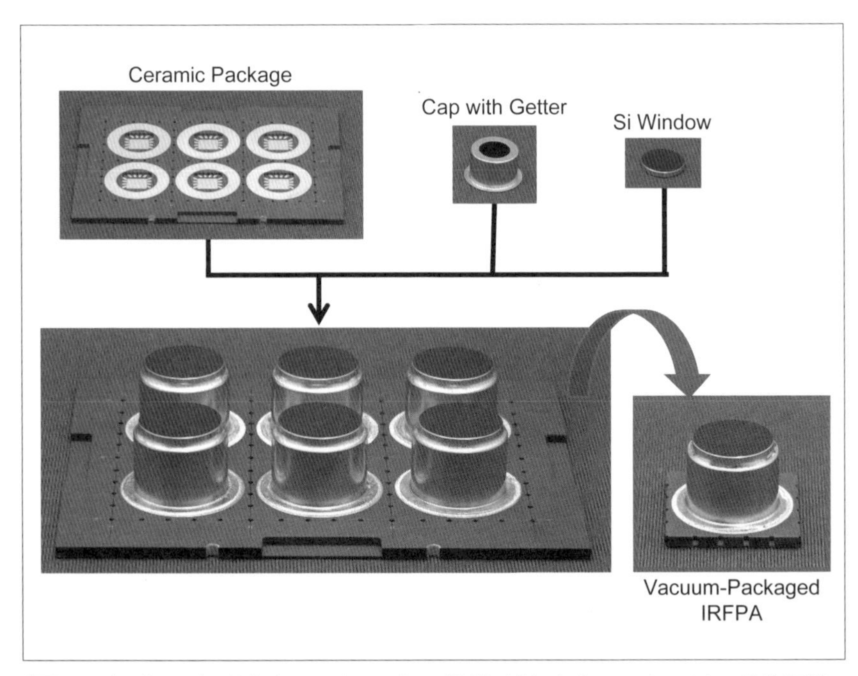

〔図9-15〕バッチ処理真空パッケージング用部材と真空パッケージング終了後の非冷却IRFPAの外観

ゲッターの活性化温度が一番高いので、最初のゲッター付キャプを高真空中で加熱してゲッターを活性化する。その後、真空層内でキャップとセラミックパッケージを接合し、最後にキャップに窓を接合して封止するプロセスとなっている。

9－3－4　ピクセルレベル真空パッケージング

図9-16にもう一つの低コスト真空パッケージング技術として開発されたピクセルレベル真空パッケージング（pixel-level vacuum packaging）[179-181]の構造を示す。この方式では、真空封止は画素単位で行われる。図で1画素と示した部分が、非冷却IRFPAの1画素にあたり、個々の検出器マイクロブリッジ（detector micro bridge）をマイクロ真空容器（micro cap）で覆うことで検出器周辺に真空キャビティーを形成している。この構造は、MEMSプロセスで作製することができるので、生産性は高く、低コスト化が可能である。

ピクセルレベル真空パッケージングの構造は次のようなプロセスで作製することができる。まず、受光部形成後、受光部下部の犠牲層を除去

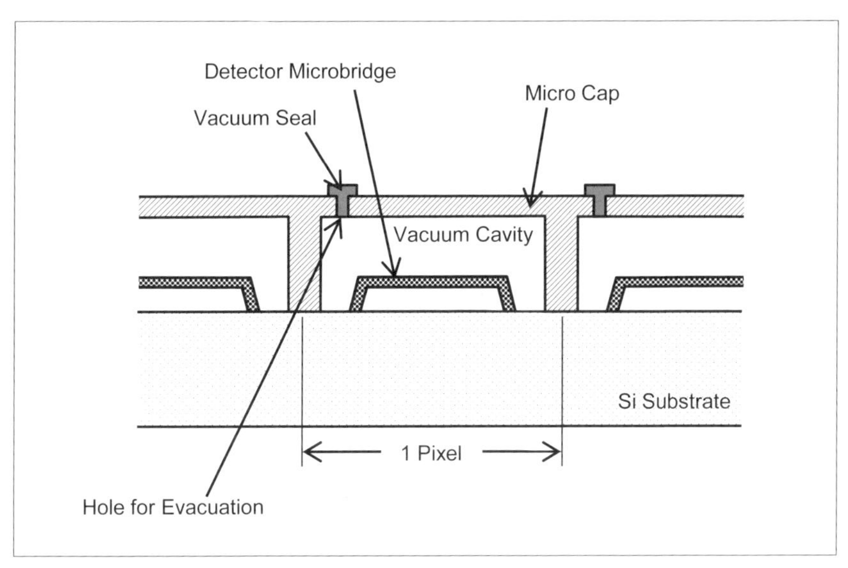

〔図9-16〕ピクセルレベル真空パッケージング

する前に第2の犠牲層を成膜し、その上にマイクロ真空容器構造となる薄膜を蒸着する。次に、マイクロ真空容器の一部に排気用の穴（hole for evacuation）を形成し、この穴を通して受光部下部とマイクロ真空容器形成用の犠牲層を除去する。マイクロ真空容器内の真空引きはこの穴を通して行う。最終的に、真空引きを行なった装置の中で、排気穴をシール（vacuum seal）するための薄膜を蒸着し、パターニングすることで図のような構造が完成する。上記プロセスはウエハ状態で実施される。

これまでにピクセルレベル真空パッケージング技術による画素ピッチ34 μmの320×240画素と80×80画素の非冷却IRFPAが開発されており、通常の真空パッケージング技術で作製された素子と同等の性能と歩留が得られることが確認されている[181]。図9-17にピクセルレベル真空パッケージングされた34 μmのピッチの画素の外観と断面の電子顕微鏡写真を示す[181]。

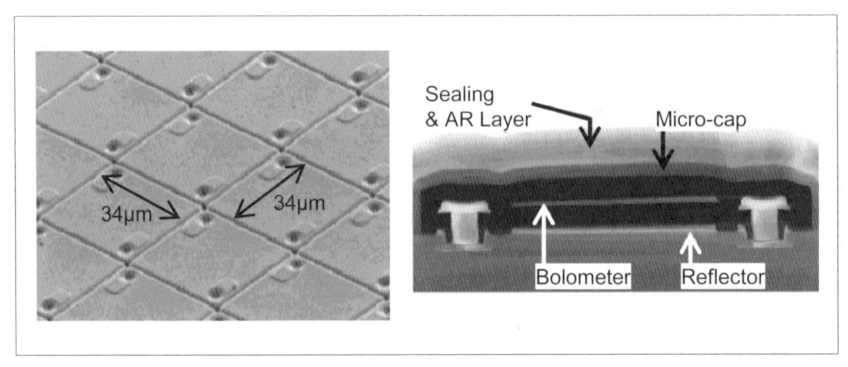

〔図9-17〕ピクセルレベル真空パッケージングされた34 μmのピッチの画素の外観（左）と断面（右）の電子顕微鏡写真

9－4　マイクロ真空計

真空パッケージングプロセスを評価するためにはパッケージ内部の真空度を測定しなければならない。また、真空パッケージが実用的な寿命を満たすことを確認するためには、パッケージ内部の真空度の経時変化を評価する必要がある。こうした評価には、パッケージ内部の小さな空間の真空度を計測するマイクロ真空計（maicro vacuum gauge）が必要となる。しかし、非冷却IRFPAの真空パッケージング技術の開発が始まった当初、利用できるマイクロ真空計が存在しなかった。そのため、マイクロ真空計の開発が非冷却IRFPAの真空パッケージング技術の開発と並行して進められた。

図9-18に示すMEMSデバイスは、非冷却IRFPAの真空パッケージング技術の開発の中で開発されたマイクロ真空計の例である[178]。このマイクロ真空計はピラニ真空計（Pirani gauge）と同じ熱型の真空計で、分子流領域にある気体の圧力を計測することができる。

図9-18に示すマイクロ真空計には、SiO_2とSiNからなる浮遊構造体（freestanding membrane）、ポリシリコンヒータ（poly-Si heater）、Alとポ

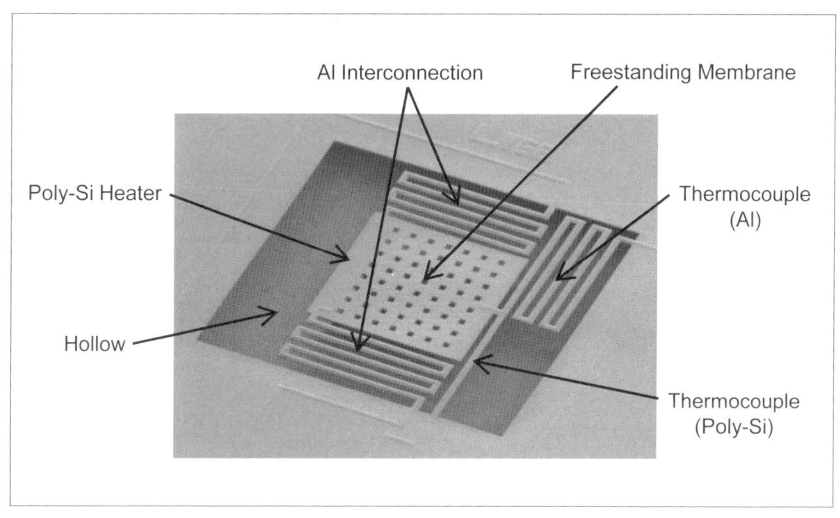

〔図9-18〕真空パッケージング評価用マイクロ真空計

リシリコンの熱電対が形成されている。真空度は、ヒータで浮遊構造体に付与した熱エネルギーの流失を熱電対で計測することで評価する。基板はSiで、浮遊構造体の下のSiは除去され空間（hollow）が形成されており、熱エネルギーはこの空間を通して伝達される。図中のAl配線（Al interconnection）はヒータに電流を流すための配線である。浮遊構造体のサイズは一辺が200～300 μm程度である。この構造は、ヒータとその配線を除くとサーモパイル非冷却IRFPAの画素構造と同じであり、非冷却IRFPAチップ上に集積化することもできる。

図9-19に図9-18の構造のマイクロ真空計の特性を示す。この特性は、浮遊構造体と基板の間の温度差を一定に保った状態を維持するのに必要なヒータ投入電力（heat loss through air）を測定する定温法（constant temperature method）の特性であり、圧力に依存しない熱電対とアルミ配線を通した熱伝導と浮遊構造体からの熱放射による熱伝達成分を差し引いた値を縦軸としている。圧力に依存しない成分は、気体を通した熱伝

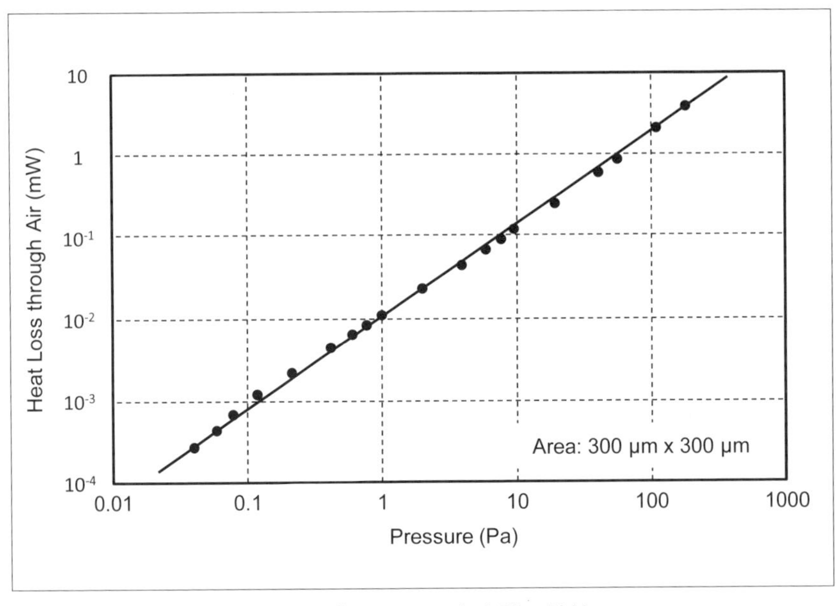

〔図9-19〕マイクロ真空計の特性

達が無視できる高真空での投入電力としている。浮遊構造体の形状は、一辺が 300 μm の正方形である。図に示すように、マイクロ真空計からの熱損失の大きさは、0.01 ~ 1000 Pa の圧力範囲で良好な直線性を示し、非冷却 IRFPA の真空パッケージの評価に利用することができることがわかる。

図 9-20 は、図 9-19 の特性を持ったマイクロ真空計を用いて非冷却 IRFPA の真空パッケージ内の圧力（pressure in pacage）の経時変化を評価した例である。横軸は真空パッケージングを行ってからの経過日数（elapsed days from vacuum packaging）で、縦軸はパッケージ内の真空度である。2 本の線はゲッターを内蔵している場合（with getter）と内蔵していない場合の結果（without getter）で、ゲッターの効果を高い精度で評価できることがわかる。同じマイクロ真空計を用いて真空パッケージの信頼性評価と寿命予測を行なった例もある[182]。

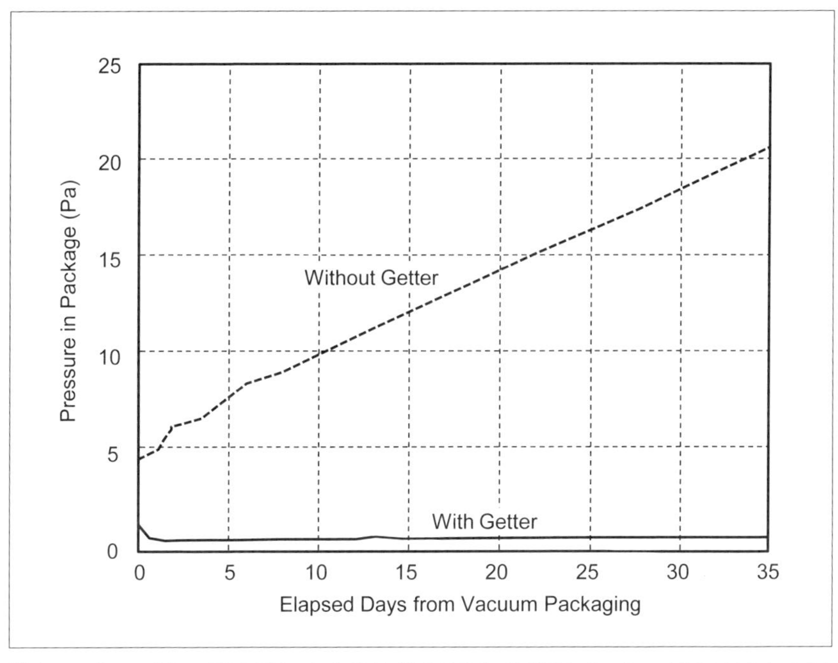

〔図 9-20〕マイクロ真空計による非冷却 IRFPA の真空パッケージ内の圧力の経時変化の評価例

第10章

非冷却赤外線カメラと応用

10－1　非冷却赤外線カメラの構成と特徴

10－1－1　全体構成

図 10-1 に非冷却赤外線カメラの基本的な構成を示す。熱電方式以外の非冷却 IRFPA を搭載した赤外線カメラには温度制御デバイス (thermoelectric cooler: TEC) が必要である。これは、熱電温度センサ以外の非冷却 IRFPA 用温度センサの出力が絶対温度で決まるので、IRFPA 出力が撮像対象の温度で変化するだけでなく、IRFPA 自身の温度の影響も受けるためである。TEC により IRFPA の温度を一定に保たれ、安定した出力が得られる。TEC は IRFPA が収納されている真空パッケージ (vacuum package) の内部に取り付ける。

光学系 (infrared lens) は、可視光カメラと同じ屈折光学系が一般的であるが、使用される光学材料が異なる。非冷却 IRFPA は、感度とオフセット量を画素ごとに補正しないと十分な性能を得ることができないので、画像処理装置 (image processor) は基本性能に関わる重要な役割を担

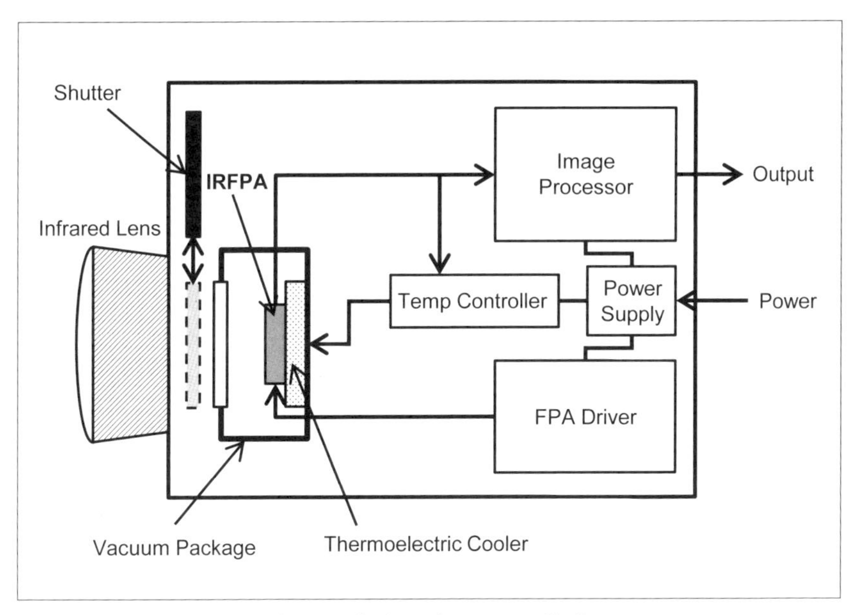

〔図 10-1〕赤外線カメラの構成

っている。温度計測機能を持った赤外線カメラでは、画像処理装置で温度校正処理も行う。シャッター（shutter）は、露光時間制御のためのものではなく、IRFPAの窓を覆うことで均一背景状態をつくり、オフセット補正を行うためのものである。

最近、IRFPAの温度変化をソフトで補正するTECレス化が一般的になっており、シャッターによるオフセット補正を不要にするシャッターレス化の開発も進められている。

10－1－2　光学系

可視光域では、二酸化シリコンガラスや樹脂をレンズ材料として用いることができるが、二酸化シリコンの透過帯域は短波長赤外（short wavelenght infrared: SWIR, 1-3 μm）までであり、赤外線カメラのレンズ材料として使用することはできない。樹脂についても、赤外線領域では吸収が大きくなり、赤外線カメラへの適用は難しい。赤外線透過する光学材料の使用可能な波長範囲を図10-2に示す[183]。ここでは、使用可能な領域を、厚さ2 mmの材料で透過率が10%以上になる波長域で示しており、実際に使用できる波長範囲はレンズ設計、要求される性能、材料の品質などで変化する。

Geは、MWIRとLWIR両波長域にわたり良好な光学特性を示し、赤外線レンズ材料として最も大きなシェアを占めているが、材料が高価で、加工技術が研削に限定されているという問題点を有している。そのため、現在、Geレンズを用いた赤外線カメラのコストに占める赤外線レンズコストの割合は1/3近くであり、レンズの低コスト化は、赤外線カメラのさらなる普及にとって不可欠と考えられている。

こうした状況を打破するため、カルコゲナイドガラスを用いた赤外線レンズ[184, 185]が開発され、注目を集めている。カルコゲナイドガラスはモールド加工でレンズ成形することができるため、加工コストを削減することができる。図10-2の中の材料では、ZnSもモールド加工でレンズを製造することができる赤外線光学材料である[186]。

SiはMWIR用レンズとしては良好な材料であるが、LWIR波長域では吸収係数が大きい上、LSIウエハとして一般的なCZ法で製造したSiは、波長 9 μm 付近に不純物である酸素に起因した大きな吸収があり、LWIR 波長域用レンズへの適用は難しいと考えられていた。しかし、最近、FZ Si を用いて作製した小口径、薄厚赤外線レンズで十分な性能が得られるがことが示され注目を集めている。第 3 章の図 2-7 に示した赤外線カメラコアには 2 枚の Si レンズが用いられている。このレンズは、8 インチのウエハ上に数 mm のレンズを多数形成するウエハレベル加工（図 10-3）[35] で製造されている。1 枚の基板に多数のレンズを一括形成する技術はカルコゲナイド赤外線レンズでも開発されている [187]。ウエハレベルレンズ加工により赤外線レンズの大幅なコスト低減が可能になった。

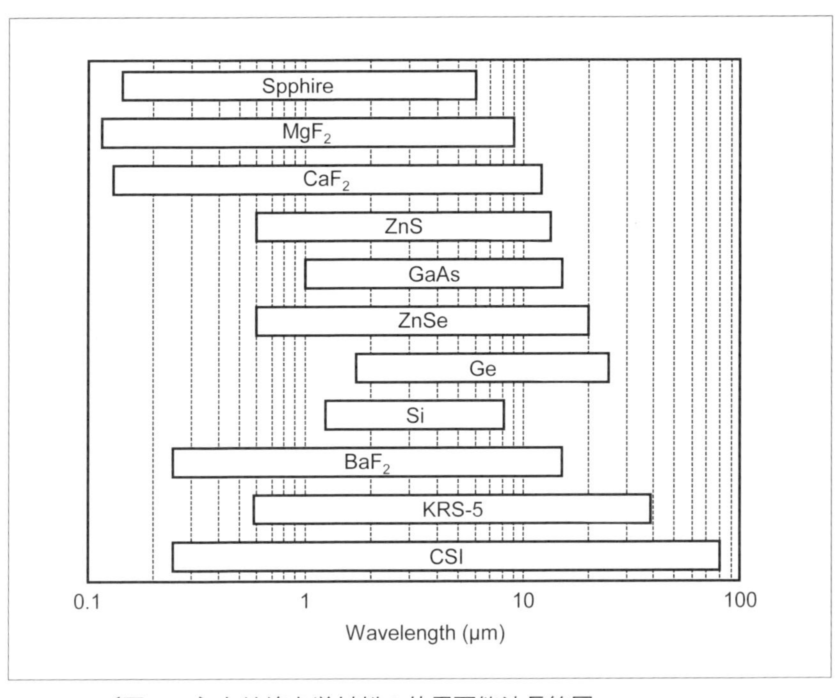

〔図 10-2〕赤外線光学材料の使用可能波長範囲
（厚さ 2mm で透過率が 10% 以上となる波長範囲）

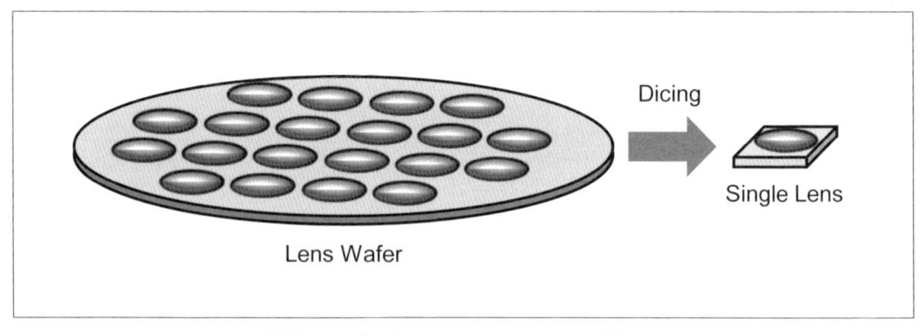

〔図 10-3〕ウエハレベルレンズ加工

10－1－3　補正

赤外線カメラでは、可視光カメラと異なり補正の良否が基本性能を決定するので画像処理技術は重要な役割を担っている。図 10-4 は補正の重要さと難しさを説明する図である。図の例では、抵抗ボロメータ IRFPA の画素ピッチを 50 μm、開口率を 100%、熱コンダクタンスを 1×10^{-7} W/K、TCR を 2%/K と仮定し、F 値が 1 のレンズを用いた非冷却赤外線カメラが $NETD$ = 50 mK を得るために必要な均一性を検討している。

撮像対象の温度が 1 K 変化したときの IRFPA の受光部の温度変化は 0.016 K（温度―温度変換、T-T Conversion）になり、NETD の相当する 50 mK の撮像対象温度変化は、IRFPA 受光部の温度を 0.8 mK 変化させる。IRFPA が均一な温度の撮像対象を撮像したときに画素間の出力にバラツキがあった場合、このバラツキが撮像対象の温度バラツキを反映しているのか、画素間の抵抗バラツキによるのか識別することができないので、画素間の抵抗バラツキは NETD 相当の出力の大きさより小さくする必要がある。抵抗ボロメータの出力は画素抵抗に比例するので、図に示した例では、NETD 相当の画素間の抵抗値のバラツキ（オフセットバラツキに相当）ΔR と平均抵抗値 R の比率 $\Delta R/R$ を 1.6×10^{-5} 以下にする必要がある。

また、ある温度で抵抗値バラツキをゼロにできても、撮像対象の温度が変化すると TCR などのバラツキに関係した出力バラツキを生じる。

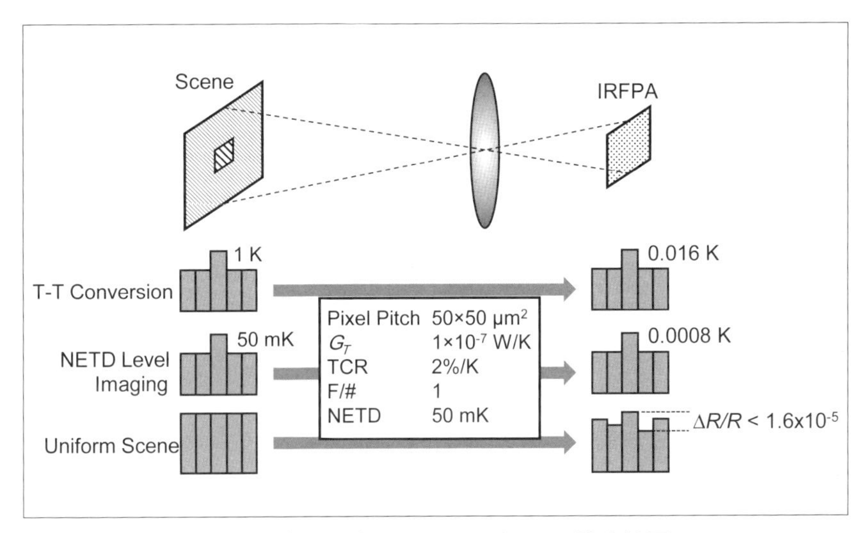

〔図 10-4〕非冷却 IRFPA のバラツキ許容範囲

このバラツキが感度バラツキである。要求される NETD を実現するためには、感度バラツキに関してもオフセットバラツキと同じレベル抑える必要があるが、上記例で示した 1.6×10^{-5} 以下のバラツキを補正なしに実現することは不可能であり、赤外線イメージングではオフセット補正と感度補正は必須となる。こうした補正を NUC（nonuniformity correction）と呼ぶ。図 10-5 に NUC の効果を示す [188]。

図 10-6 に非冷却赤外線カメラの補正方法の一例を示す [189]。この補正では、温度 T_1 と T_2 の 2 点で均一背景を撮像した結果を補正用データとして用いる。図では、横軸を温度に対応した放射パワー $P(T)$（P は撮像対象の温度 T の関数）、縦軸を IRFPA の出力 V としており、多数の画素の特性を代表する 2 本の直線（Pixel-i、Pixel-j）とすべての画素の平均出力 $V_A(P(T))$ を示した。$V_A(P(T))$ は、

$$V_A(P(T)) = \frac{1}{N}\sum V_i(P(T)) \quad \cdots\cdots \quad (10\text{-}1)$$

である。ここで、N は画素数で、和はすべての画素についてとる。この

補正方法は、温度 T_1 と T_2 でのすべての画素の出力が得られているとして、各画素のオフセット補正量と感度補正量を求めるものである。

画素 i のオフセット補正量 O_i と感度補正量 G_i を

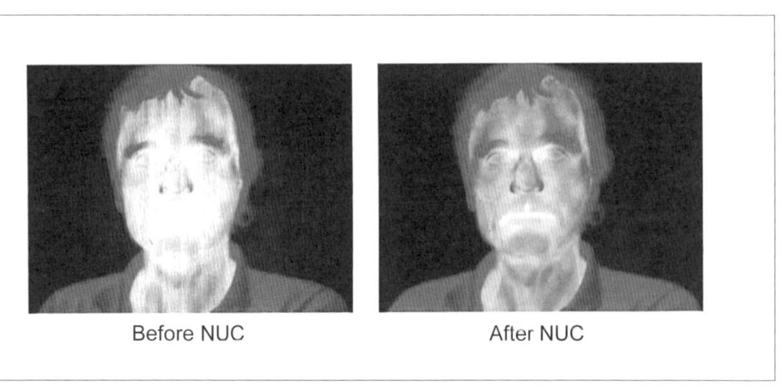

〔図 10-5〕画像補正の効果

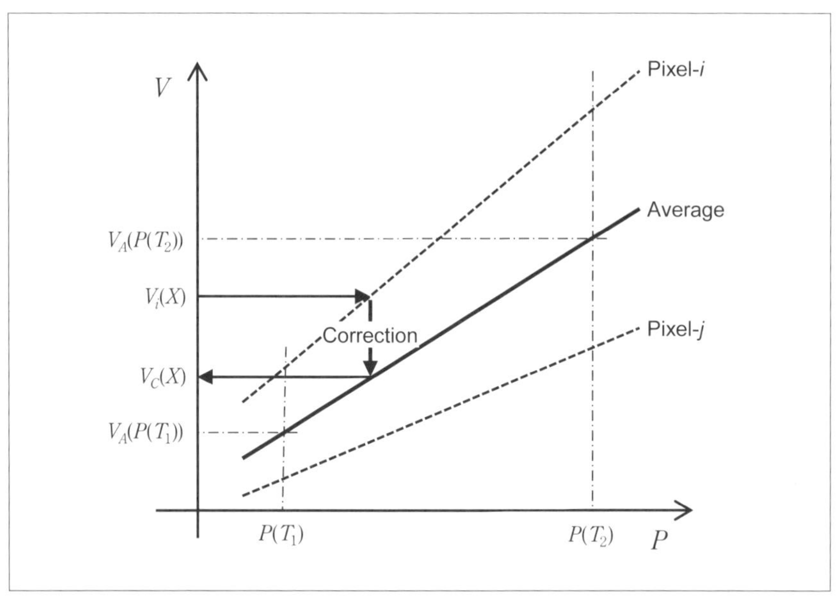

〔図 10-6〕2 点の均一背景温度における画像データを用いた補正

$$V_A(P(T_1)) = G_i \cdot [V_i(P(T_1)) - O_i] \quad \cdots\cdots (10\text{-}2)$$

で定義すると、

$$V_A(P(T_2)) = G_i \cdot [V_i(P(T_2)) - O_i] \quad \cdots\cdots (10\text{-}3)$$

である。式 (10-2) と式 (10-3) の両辺の比をとると

$$\frac{V_A(P(T_1))}{V_A(P(T_2))} = \frac{G_i \cdot [V_i(P(T_1)) - O_i]}{G_i \cdot [V_i(P(T_2)) - O_i]} \quad \cdots\cdots (10\text{-}4)$$

であるので、G_i が消去でき、

$$O_i = \frac{V_i(P(T_2)) \cdot V_A(P(T_1)) - V_i(P(T_1)) \cdot V_A(P(T_2))}{V_A(P(T_2)) - V_A(P(T_1))} \quad \cdots\cdots (10\text{-}5)$$

が得られる。O_i が決定できると、G_i も

$$G_i = \frac{V_A(P(T_1))}{V_i(P(T_1)) - O_i} \quad \cdots\cdots (10\text{-}6)$$

で求めることができる。この O_i と G_i を用いて、i 番目の画素で、$V_i(X)$ という出力が得られた場合、補正出力 $V_C(X)$ として

$$V_C(X) = G_i \cdot [V_i(X) - O_i] \quad \cdots\cdots (10\text{-}7)$$

を得ることができる。

次に、フィールドにおけるオフセットデータと工場で取得した感度補正データを用いた補正方法を説明する[188]。この補正方法では、図 10-7 における傾き G_i のデータは出荷時に工場で得られており、G_i の全画素の平均値である G_A も既知である。オフセットデータは撮像対象の温度が T_1 の状態で取得されているものとする。

温度 T_1 における全画素の平均出力 $V_A(P(T_1))$ は、

$$V_A(P(T_1)) = \frac{1}{N} \sum V_i(P(T_1)) \quad \cdots\cdots (10\text{-}8)$$

で、画素 i のオフセット補正量 O_i を

$$O_i = V_i(P(T_1)) - V_A(P(T_1)) \quad \cdots\cdots (10\text{-}9)$$

と定義する。今、画素 i の出力が $V_i(X)$ となったとき、図を参照して

$$V_i(X) = V_i(P(T_1)) + G_i \cdot [X - P(T_1)] \quad \cdots\cdots (10\text{-}10)$$

であるので、

$$X - P(T_1) = \frac{V_i(X) - V_i(P(T_1))}{G_i} \quad \cdots\cdots (10\text{-}11)$$

となり、$V_i(X)$ の補正後の値を $V_C(X)$ は、

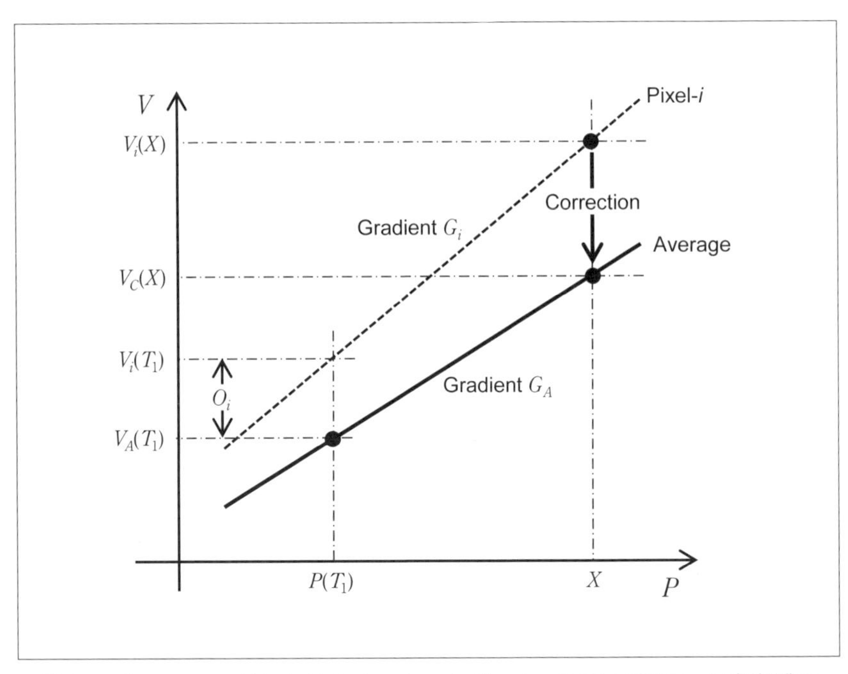

〔図 10-7〕フィールドにおけるオフセットデータと工場で取得した感度補正データを用いた補正

$$V_C(X) = V_i(P(T_1)) - O_i + \frac{G_A}{G_i} \cdot [V_i(X) - V_i(P(T_1))] \quad \cdots\cdots\cdots \quad (10\text{-}12)$$

を計算して得ることができる。

上記2つの補正方法では出力と放射（または入射）パワーの間の関係が線型であると仮定している。線型であれば、2点の温度における出力または1点の温度における出力と感度のデータだけで撮像対象の温度がどのような値をとっても正確に補正できる。しかし、実際にはIRFPAの出力特性は、図10-8に示すように非線形性を持っている。非線形性があると、図に示すように補正後も不均一性が残り（residual nonuniformity）、これが性能を決めることになる。図10-8では、2点の補正温度の間で使用されることを想定しているが、その外側まで使用範囲を広げる場合は、残存不均一性の最大値が補正温度の外側になることもある。

図10-9は、非線形性を考慮した場合のNETDの放射パワー依存性を

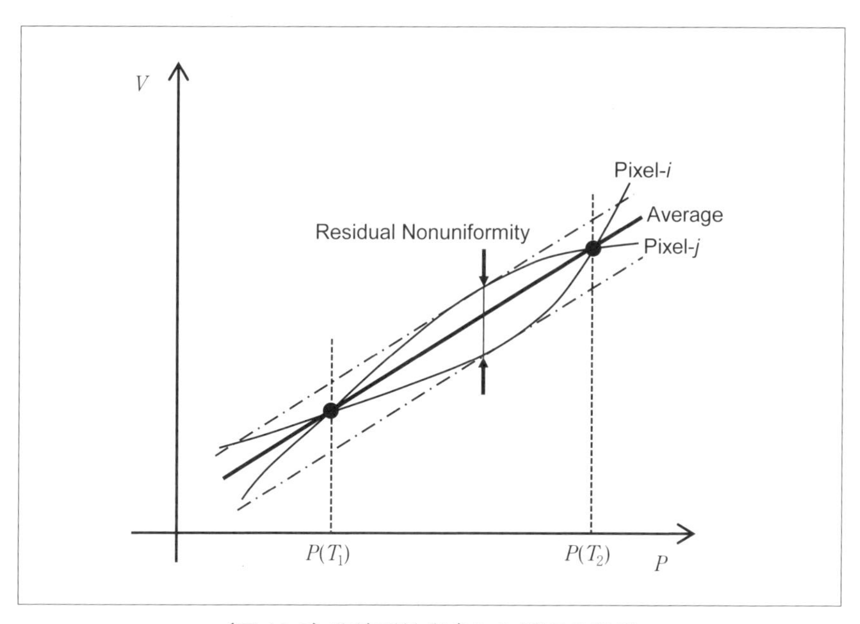

〔図10-8〕非線形性考慮した補正の限界

示す図である。赤外線検出器は、出力が時間とともに変動する雑音成分を持ち、これをテンポラル雑音と呼ぶ。本節の最初で議論したように出力バラツキも雑音として取り扱われ、これがFPNである。入出力特性が非線形性を持つ場合、FPNは補正を行った温度で最低となり、その間と外側では大きくなるため、FPNで決まるNETD（$NETD_{FP}$）は、図10-9に示すように放射パワーの大きさで変化する。一方、テンポラル雑音で決まるNETD（$NETD_{TMP}$）は放射パワー依存性せず一定値となる。図10-9のようにV_{NTMP}をテンポラル雑音、V_{NFP}をFPNとすると、全雑音V_{NT}は

$$V_{NT} = \sqrt{V_{NTMP}^{\ 2} + V_{NFP}^{\ 2}} \quad \cdots\cdots\cdots\cdots \quad (10\text{-}13)$$

で与えられ、V_{TN}の値は、V_{NTMP}とV_{NFP}の大きいほうが支配的となる。したがって、全雑音で決まるNETDは、$V_{NTMP} > V_{NFP}$の場合（図でHigh $NETD_{TMP}$の場合）はテンポラル雑音が、$V_{NTMP} < V_{NFP}$の場合（図でLow $NETD_{TMP}$の場合）は固定パターン雑音が性能決定要因となる。赤外線カメラは、$V_{NTMP} > V_{NFP}$となるように設計されるのが理想的である。

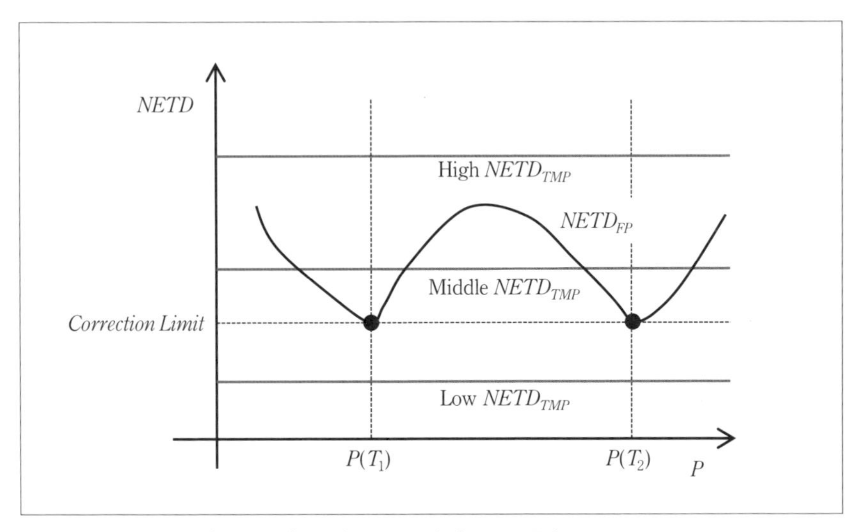

〔図10-9〕非線形性を考慮した場合のNETD

10－1－4　温度校正

サーモグラフィ（thermography）と呼ばれる画像放射温度計測では、非冷却IRFPAから得られる出力を撮像対象の温度に変換して表示する。この変換には、赤外線カメラの光学系の特性、赤外線IRFPAの分光感度特性、赤外線カメラのエレクトロニクスの設計、赤外線カメラの温度などが関係する。赤外線カメラの出力 $V_{CAL}(T)$ と撮像対象の温度温度 T の関係を与える式として、

$$V_{CAL}(T) = \frac{R_{CAL}}{\exp(\frac{B_{CAL}}{T}) - F_{CAL}} + O_{CAL} \quad \cdots\cdots\cdots\cdots\cdots\cdots \quad (10\text{-}14)$$

がよく用いられる[188-190)]。ここで、R_{CAL} はシステムの感度で決まる定数（response factor）、B_{CAL} は実効的な波長で決まるプランクの式の c_2/λ に相当する定数（spectral factor）、F_{CAL} は計測系の線型性を示す定数（form factor）、O_{CAL} はシステムのオフセット量（offset）である。F_{CAL} は計測系が線形であれば1となる。

赤外線カメラの設計と評価で上記4つの定数が得られていると、式（10-14）を用いて赤外線カメラから得られる出力に対して撮像対象の温度を決定することができる。図10-10に単画素の熱型検出器の温度校正例を示す。この図で、点が計測結果、曲線が式（10-14）で計算した結果を示している。式（10-14）の定数のうち R_{CAL}、B_{CAL}、F_{CAL} は5本のすべての曲線で同じ値を用いており、検出器の温度が変化した場合は、オフセット量 O_{CAL} の調整のみでフィッティングを行っている。

温度校正には簡単な多項式が用いられる場合もあるが、多項式を使う場合、検出器の温度が変化すると全ての定数が影響を受ける。しかし、式（10-14）を使うと、オフセット値の温度依存性のみを把握しておけば検出器の温度が変化しても精度の高い温度校正を行うことができる。

赤外線カメラの中ではIRFPAには撮像対象からの赤外線以外に多くの不要赤外線が入射する。たとえば、レンズの鏡筒は赤外線カメラ出力に大きな影響を与える放射体であり、パッケージ窓とレンズも透過率が

100% ではないので赤外線を放射する。赤外線カメラの筐体も同様であり、IRFPA の直接視野内にはない電子回路からの赤外線放射も筐体内で多重反射して IRFPA に到達することがある。不要赤外線が IRFPA の出力に与える影響については、赤外線カメラの設計する際や赤外線カメラを温度計測に使う場合に十分注意する必要がある。

図 10-11 は不要赤外線が非冷却 IRFPA の出力に与える影響を示す一例である[188]。これは、非冷却赤外線カメラ起動後の温度変換された出力の時間変動を、途中でオフセット補正行わないで計測した結果である。撮像対象の温度は一定である。この結果から、IRFPA を含めた赤外線カメラ内部の温度が変化することによる出力ドリフトが非常に大きいことがわかる。

図 10-12 は赤外線カメラの温度変化が及ぼす影響の大きさを示す別の例[189]である。この例の場合は、シャッターを閉じたままにして、シャッターの温度がわずかに変化した場合の影響を評価している。図 10-12 (a) はシャッターを挿入した直後で、カメラ温度は 39.0℃、(b) はシャッタ

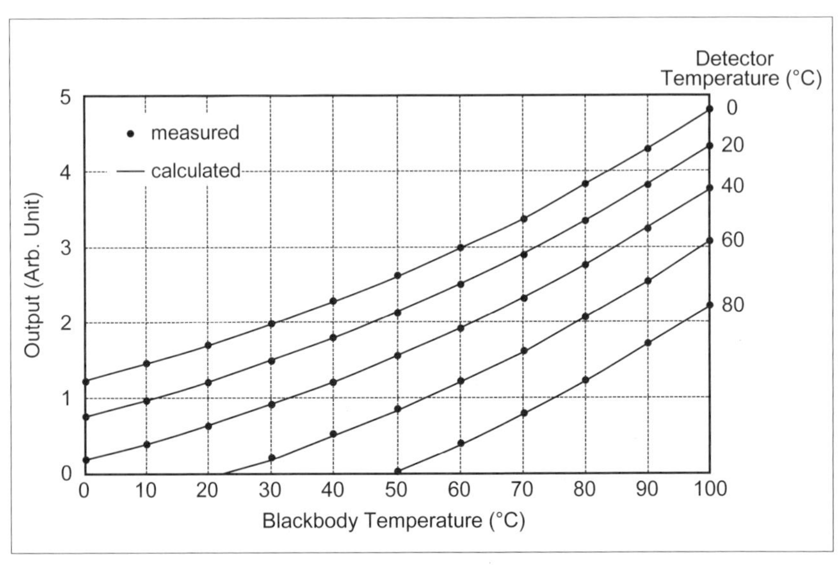

〔図 10-10〕熱型赤外線検出器の温度校正例

ーを挿入したまま30分経過後で、カメラ温度は40.8℃である。カメラ温度とシャッター温度は一致していると考えるとIRFPAの見ているシャッターの温度は1.8℃しか変化していないが、温度変換された値は10℃近い差が見られることがわかる。これは、IRFPA内の1画素が見ている

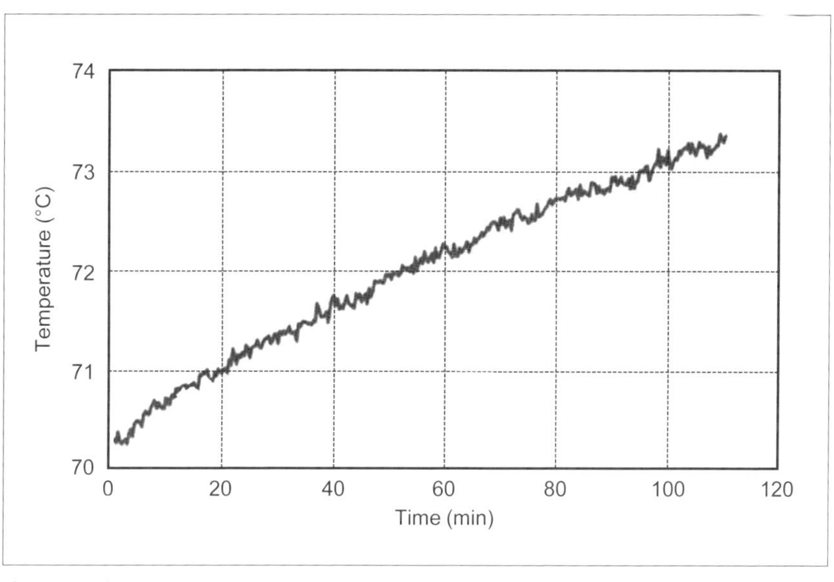

〔図10-11〕非冷却赤外線カメラの出力の時間変化（計測中オフセット補正を行わない場合）

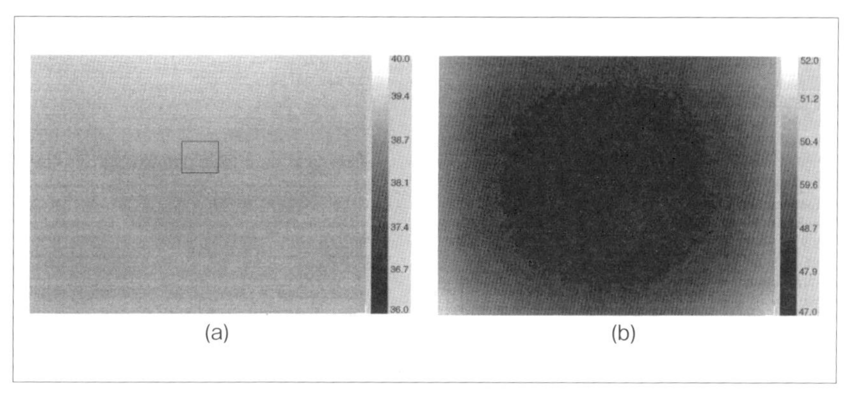

〔図10-12〕赤外線カメラの温度変化が出力に及ぼす影響

撮像対象はmradレベルの視野角であるのに対し、シャッターはradレベルの視野角に相当するためである。この実験のような状況は通常の赤外線カメラによる放射温度計測では起こることはないが、赤外線カメラ内部の構成要素の温度変動が出力に与える影響の大きさを理解するにはいい例である。

10－2　暗視応用

赤外線カメラを用いることで照明のない真っ暗闇で「視覚」を持つこと（暗視）ができる。暗視応用は防衛技術として開発が始まったものであるが、夜間の視覚補助技術として自動車、航空機、セキュリティー、救難など分野でも有用性が認められており、今後の市場拡大が期待されている。

自動車用赤外線視覚補助装置は赤外線ナイトビジョンシステム（night vision system: NVS）と呼ばれている。赤外線NVSを用いることで、ヘッドライトの届く3倍の距離（320×240画素IRFPAを用いて、視野角を24°とした場合）にいる人や動物を検出することでき、夜間の事故防止に寄与する。赤外線NVSは、夜間の視程拡大だけでなく、対向車のヘッドライトによる幻惑の低減、霧など悪天候時の視程拡大にも有効である。図10-13は赤外線カメラでみた夜間の道路の画像である。画像中央部分の矢印で示した歩行者を可視光で認識することは困難で、ライトを点灯した対向車の右横の二人の歩行者も可視光では見逃してしまう可能性が高いが、赤外線では問題なく確認できることがわかる。

〔図10-13〕赤外線カメラでみた夜間の道路

最初の自動車用赤外線NVSは1999年に開発されているが[191]、この時点の赤外線カメラには強誘電体ハイブリッド非冷却IRFPA[68, 69]が搭載されていた。このシステムは、General Motors[192]と本田技研工業[193]が採用した。ハイブリッド非冷却IRFPAを用いた赤外線NVSは2012年には生産中止となるが、2005年には、抵抗ボロメータ非冷却IRFPAを用いたNVSが実用化され[194]、現在も進化を続けている[195]。抵抗ボロメータ非冷却IRFPAを用いた赤外線NVSは、すでにBMW、Audi、Rolls-Royce、Mercedes、General Motersが採用しており[196]、今後、価格が低下し、ベンダーが増えると中級車種へ搭載が広がるものと期待されている。

航空機搭載用の視覚補助装置はEVS（enhanced vision system）と呼ばれる。2001年にFAA（Federal Aviation Adminstration）の認定を受け着陸支援装置としての使用が開始された[197]。図10-14は、航空機から見た夜間の滑走路の赤外線画像例である。この滑走路には着陸支援設備は整備されていないため有視界飛行で着陸する必要があるが、赤外線を用いると夜間でも着陸に支障のない画像が得られることがわかる。赤外線は、霧など悪天候時にも有用である。これまでは航空機用EVSには量子型IRFPAを用いた冷却赤外線カメラが使用されてきたが、非冷却IRFPAの高性能化が進んだことで廉価版として非冷却システムも市場投入されている[197]。

セキュリティーも赤外線カメラの重要な応用の一つである。図10-15は夜間赤外線カメラで侵入者を検知した例である。この画像の視野内には街灯が2箇所に設置されており、可視光カメラで見た場合は街灯周辺の狭い領域しか確認できないが、図10-15に示すように、赤外線カメラでは 視野全体を監視することができることがわかる。セキュリティー用としては近赤外線カメラを用いたものも販売されているが、近赤外線イメージングも可視光と同様で、光源が必要であり、光源の光が届く範囲を超えた監視はできない。赤外線イメージングは、光源が不要なパッシブイメージングで、大気の透過率が高い波長帯を使うので、夜間でも数百mを超える距離の広域監視を行うことともできる。また、ヘリコプターや車両に搭載する赤外線監視システムも開発されている。

図 10-16 は赤外線カメラの救難応用の例を示す画像である。この画像は、海に落ちた人（頭だけ）と漂流するボートを赤外線カメラで撮像したものである。昼間でもコントラストが小さいため広い海面に浮かんだ

〔図 10-14〕航空機用 EVS の画像

〔図 10-15〕赤外線カメラのセキュリティー応用

人を見つけることは難しいが、赤外線カメラを用いることで昼間だけでなく夜間でも高いコントラストの画像が得られ、遭難者を容易に発見することができる。

図 10-17 は赤外線の煙の透過性の高さを示す画像例である。左の画像は可視光画像で、可視光では人が確認できなくなる濃度の煙を発生させ

〔図 10-16〕赤外線カメラの救難応用

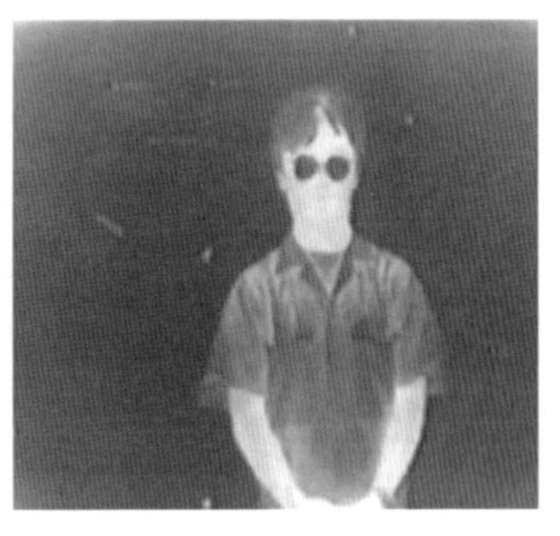

〔図 10-17〕赤外線の煙の透過性（左：可視光、右：赤外線）

た状態でも、右側の赤外線画像では煙を透過して問題なく人を確認することができる。赤外線の煙に対する透過性の高さは、消防士が火災現場で活動する際に非常に有用であり、消防用の赤外線カメラも数多く開発されている[197]。

10－3　温度計測応用

温度計測に用いられる赤外線カメラであるサーモグラフィ装置の赤外線画像を取得するための基本的な構成は暗視用の赤外線カメラと同じであるが、絶対温度を計測するためにハードおよびソフト両面でいろいろな工夫がされている。たとえば、暗視用の赤外線カメラでは、出力の大きさをグレースケールで表示するものがほとんどであるのに対し、サーモグラフィ装置では温度レベルを疑似カラーで表示する機能をもったものが一般的である。また、温度の絶対値を保証するため、10−1で議論した不要光の影響を減らすとともに、不要光の効果を補正する機能を有している。

サーモグラフィ装置の主要な応用例に設備保全、工業計測、建物診断、医療がある。電気設備や機械設備は、老朽化して故障を起こす前に発熱するものが多く、正常時の設備の温度分布を把握しておいて、温度分布の経時変化をみることで故障による事故を未然に防ぐことができる。サーモグラフィ装置を用いた検査手法では、設備を止めることなく検査を行うことができる。図10-18は、変電設備をサーモグラフィ画像である。

工業計測応用では、設計評価や生産工程の温度管理にサーモグラフィ

〔図10-18〕変電設備の赤外線画像（赤外線画像による設備診断）

装置が利用されている。自動車や電気電子機器の設計の中で熱設計は非常に重要であるが、サーモグラフィ装置は、試作した機器が設計通りにできていることを非接触で確認するための有用なツールである。また、生産工程の温度管理の例としては、鉄鋼製造プロセスの評価や金型の温度管理などの例がある。

サーモグラフィ装置は、建物の断熱特性の評価や冷暖房の効果の確認、漏水滞水箇所の特定などの建物診断にも活用されており、空港検疫における体温の非接触計測用にも広く利用されている。図 10-19 に人の顔をサーモグラフィで観察して発熱の有無を検出した例を示す[198]。医療用途として、乳癌の診断や手術支援（図 10-20）などへの適用が期待されているが、未だ研究段階である[197]。

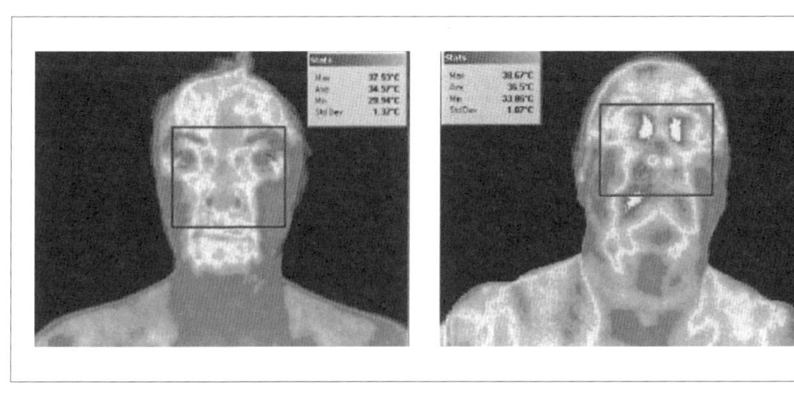

〔図 10-19〕赤外線カメラによる非接触発熱検査

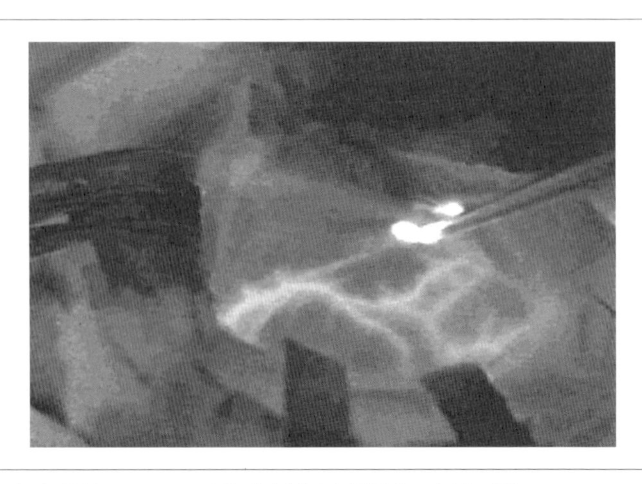

〔図 10-20〕赤外線カメラの手術支援応用（動脈に血液が流れていることが確認できる）

10－4　その他の応用

赤外線カメラは建物や構造物の非破壊検査（non-destructive inspection）の重要なツールでもある。非破壊検査では、定常状態の温度分布を観測するのではなく、図 10-21 に示すように、外部から熱エネルギーを与え、観測対象の温度変化を観測することで不具合を検出する[199]。

たとえば均一な構造体の内部に空洞ができているような場合、構造の裏面を加熱し、表面の温度変化をサーモグラフィで観測すると、空洞部分の熱伝導が他の部分より悪いので、空洞のある場所の表面の温度上昇は他の領域に比べ低くなる。逆に、表面側から加熱すると、空洞のある

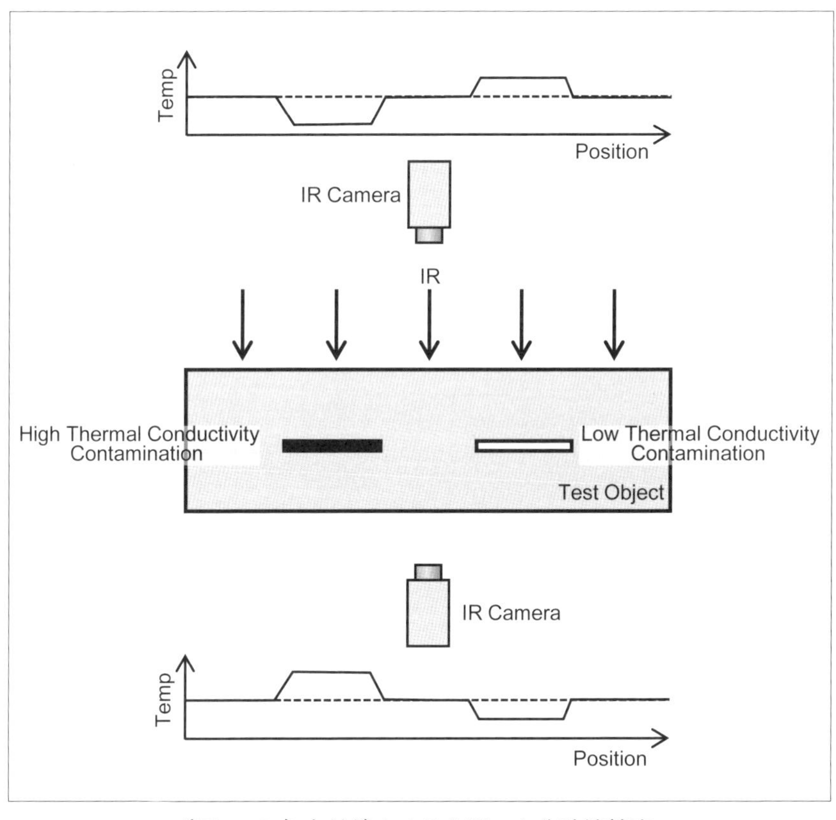

〔図 10-21〕赤外線カメラを用いた非破壊検査

場所の表面の温度上昇は他の領域に比べ高くなるので、表面温度の変化を観測することで構造物内の異常を検出することができる。構造体が検査対象物に比べ高い熱伝導率の異物を含む場合は、反対の温度分布が観測される。

赤外線非破壊検査では、加熱／冷却に太陽光などの自然の熱源を使う方式をパッシブ法、ランプなどの人工熱源を用いる方式をアクティブ法と呼んでいる。また、人工光源を用いて、加熱をパルス的に行い、パルスに同期した時間分解サーモグラフィ解析を行うパルス赤外線サーモグラフィ法（pulse infrared thermography）や、加熱エネルギーを正弦波的に変化させ、位相を考慮した発熱解析を行うロックイン赤外線サーモグラフィ法（lock-in infrared thermography）も非破壊検査に利用することができる。

図 10-22 にアクティブ法でアルミハニカム構造の接着不良を検出した例を、図 10-23 にパッシブ法で建物に壁面剥離を検出した例を示す。非破壊検査では解析ソフトウエアが重要な役割を果たすので、専用のソフトウエアを組み込んだシステムが販売されている[199, 200]。パルス赤外線サーモグラフィ法とロックイン赤外線サーモグラフィ法では応答速度を

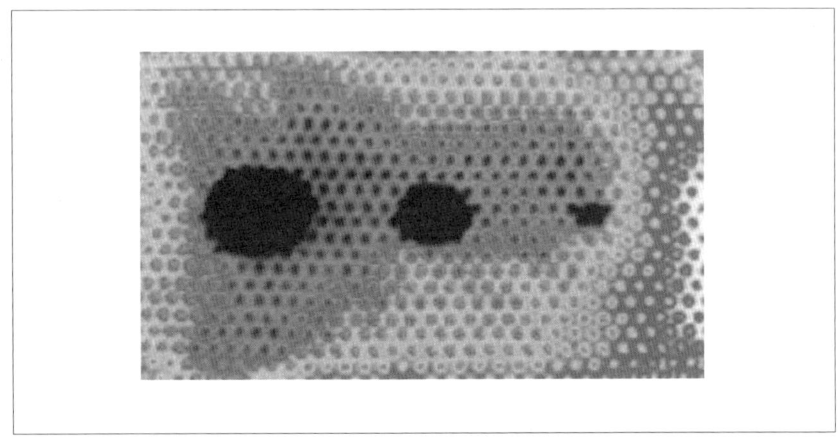

〔図 10-22〕赤外線カメラによるアルミハニカム構造の接着不良の検出
（防衛大学校 小笠原永久先生のご厚意により転載）

重視して冷却赤外線カメラが用いられるが、応答速度の制限が厳しくない非破壊検査には非冷却 IRFPA が用いられることもある。

ガス分子は IRFPA が感度を持つ領域に分子振動に起因した吸収を持つものが多く、この特徴を利用して、図 10-24 に示すような赤外線カメラによるガス検知技術も開発されている[197]。観測している対象（scene）が放射している赤外線は、大気を通して赤外線カメラに到達するが、大気中に特定のガスが含まれているとガス種に依存して放射された赤外線の一部が吸収されるため、ガスが存在しない場所に比べて赤外線カメラに到達する赤外線の量が減少する。そのため、得られる赤外線画像は撮像対象そのもの赤外線放射量の分布とガスの分布を反映したものになる。ガスの有無による赤外線の量の変化は小さいが、バンドパスフィルタ（band-pass filter）または IRFPA の分光感度特性をガスの吸収波長に合わせると十分な S/N でガスを検知することができる。

米国では EPA（Environmental Protection Agency）が大規模施設における温室効果ガス放出の定期的検査を義務付けており、赤外線カメラを用いた方法を推奨している[201, 202]。ガス検知には狭い波長帯域での高感度

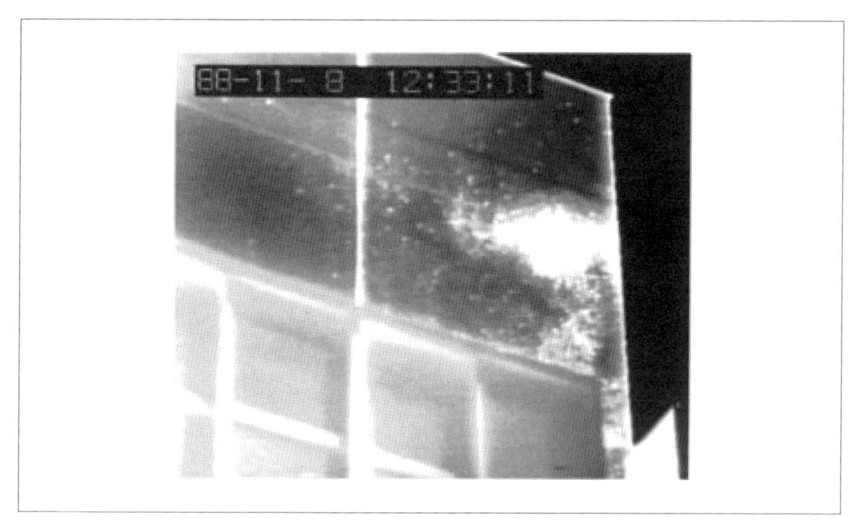

〔図 10-23〕赤外線カメラによる壁面剥離の検出

イメージングが必要となり、現在は感度で勝る冷却赤外線カメラが主流であるが、最近は性能向上した非冷却IRFPAを用いたガス検知赤外線カメラも開発されている[202]。非冷却方式はコストの優位性がある。

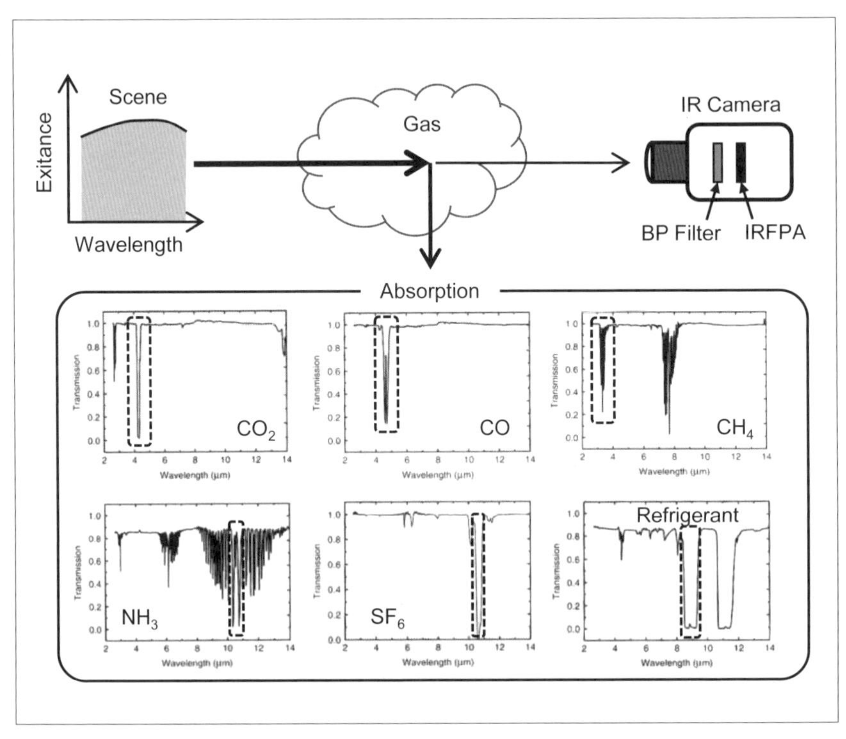

〔図 10-24〕赤外線カメラを用いたガス検知

第11章

むすび

赤外線イメージング技術は、単画素またはリニアアレイを用いた機械的走査により二次元画像を得る機械的走査方式赤外線撮像装置から始まり、電子走査方式の凝視型赤外線撮像装置へと発展した。電子走査方式赤外線撮像装置には二次元IRFPAが用いられ、赤外線検出器に対する感度と応答速度の要求が緩和されるようになったので、機械的走査システムでは選択肢に挙がらなかった非冷却IRFPAに対する関心が高まるようになった。

1980年代に目覚しい進歩をとげたMEMS技術は、1990年代に入り熱型検出器を用いた非冷却IRFPAの感度改善を加速した。MEMS技術を用いた抵抗ボロメータ方式の非冷却IRFPAでは、1980年代主流であったハイブリッド方式の素子に比べ熱コンダクタンスを2桁程度低減することができた。その結果、非冷却IRFPAでも、1990年代初めには100 mK以下のNETDが得られるようになり、赤外線カメラの普及への期待が高まった。

抵抗ボロメータ非冷却IRFPAの成功は、MEMS技術を用いたいろいろな方式の非冷却IRFPAの提案と開発を促した。抵抗ボロメータ非冷却IRFPAの発表後開発された代表的なMEMS非冷却IRFPAとしては、薄膜強誘電体非冷却IRFPA、熱電非冷却IRFPA、ダイオード非冷却IRFPA、バイマテリアル非冷却IRFPA、サーモオプティカル非冷却IRFPAがある。

MEMS技術で作製された非冷却IRFPAの第1世代は、画素ピッチが50 μmで、画素数が320×240画素であった。その後、画素ピッチ縮小は25 μm、17 μm、12 μmと進み、光学系の回折現象で決まる限界に近付いている。画素縮小が進んでも、NETD < 50 mK（@ *F/1*）という高性能が実現されており、画素数も200万画素を超えるレベルに達している。こうした進歩を支えているのはMEMS技術の高度化であり、非冷却IRFPAにおけるMEMS技術の重要性はますます高まっている。MEMS技術を用いた非冷却IRFPAが登場してからすでに25年が経過しているが、抵抗ボロメータ非冷却IRFPAとダイオード非冷却IRFPAでは高性能化と並行して低コスト化のための研究開発が続いている。また、ロー

エンド市場では熱電非冷却IRFPAの利用が進んでおり、今後のビジネスの拡大が期待されている。

略　語

略　語	説　　明
A/D	Analog to digital. アナログからディジタルへの変換
BST	Barium-Strontium Titanate. 非冷却赤外線イメージセンサに用いられる強誘電体材料の一種
CCD	Charge-Coupled Device. MOS キャパシタを配列した構造を持ち、信号電荷を転送する機能を持った半導体デバイスでイメージセンサに利用される
CMOS	Complementary Metal-Oxide Semiconductor. n チャネルと p チャネルの MOS トランジスタを持った回路または LSI
CVD	Chemical Vapor Deposition. 薄膜化学気相成長方法
CZ	Czchraski. 結晶成長の一方式
DMD	Digital Micromirror Device. 個別に電気駆動できる多数の可動ミラーを集積化したディスプレイ素子
EDP	EthyleneDiamine-Pyrocatechol. エチレンジアミン、ピロカテコールと水を含んだ Si の異方性エッチング液
EPA	Environmental Protection Agency. アメリカ合衆国環境保護庁
EVS	Enhanced Vision System. 視覚補助装置
FAA	Federal Aviation Adminstration. 連邦航空局
FOV	Field of View. 視野角
FPN	Fixed Pattern Noise. FPA の画素間の感度、暗電流、読出回路の不均一性などに起因した時間的に変化しない雑音
FZ	Floating Zone. 結晶成長の一方式
HD	High Definition. 1920 × 1080 画素
IFOV	Instantaneous Field of View. 瞬時視野角
IRFPA	Infrared Focal Plane Array. 赤外線イメージセンサ
IVP	Integrated Vacuum Package. IRFPA にリッドを直接接合した構造を真空封止するパッケージング技術
LSI	Large Scale Integration. 多数のトランジスタと電子部品を集積した Si 電子デバイス
LWIR	Long Wavelength Infrared. 8 ～ 14 μm の波長帯の赤外線
MEMS	MicroElectroMechanical Systems. LSI と同じような製造方法で作製される 3 次元構造の微小電機機械システム
MOD	Metal-Organic Decomposition. 有機金属プリカーサーを熱分解して堆積する薄膜成長方法
MOS	Metal-Oxide Semiconductor. 半導体上に絶縁膜を介して設けた金属ゲート電極に印加する電圧によって半導体中のチャネル領域のポテンシャルを制御するデバイス

略　語	説　明
MTF	Modulation Transfer Function. イメージセンサの規格化レスポンスの空間周波数依存性を示す光学伝達関数
MWIR	Middle Wavelength Infrared. 3 ～ 5 μm の波長帯の赤外線
NEP	Noise Equivalent Power. 検出器の性能指標の一つで、感度に対する全雑音の比率で定義され、雑音と同じ大きさの出力変化を生じさせる入射パワー
NETD	Noise Equivalent Temperature Difference. 赤外線検出器または赤外線イメージセンサの性能指標の一つで、雑音と同じ大きさの出力変化を生じさせる検出対象の温度差
NUC	NonUniformity Correction. イメージセンサの不均一性補正
NVS	Night Vision System. 夜間視覚補助装置
PECVD	Plasma-Enhanced Chemical Vapor Deposition. 化学反応を促進するためにプラズマを用いる薄膜化学気相成長方法
PLD	Pulsed Laser Deposition. レーザーアブレーションを利用した薄膜堆積方法
PSG	PhosphoSilicate Glass. リン珪酸ガラス
PST	Lead Scandium Tantalite. 非冷却赤外線イメージセンサに用いられる強誘電体材料の一種
PVDF	PolyVinyliDene Fluoride. 非冷却赤外線イメージセンサに用いられる強誘電体材料の一種
PZT	Lead Zirconate Titanate. 冷却赤外線イメージセンサに用いられる強誘電体材料の一種
QDIP	Quantum Dot Infrared Photodetector. 量子ドット構造を持ちバンド内遷移で光を検出する光検出器
QSIP	Quantum Structure Infrared Photodetector. 異種の半導体を原子層単位で積層した量子構造型赤外線検出器
QVGA	Quarter Video Graphics Array. 320 × 240 画素
QWIP	Quantum Well Infrared Photodetector. 多数の薄い量子井戸構造を持ちバンド内遷移で光を検出する光検出器
ROIC	ReadOut Integrated Circuit. FPA 用の信号読出回路
S/N	Signal-to-Noise. 信号対雑音
SOI	Silicon On Insulator. 厚い Si 上に SiO_2 層を介して薄い単結晶 Si 層を形成した基板
SWIR	Short Wavelenght Infrared. 1-3 μm の波長帯の赤外線
TCR	Temperature Coefficient of Resistance. 抵抗温度係数
TEC	ThermoElectric Cooler. 非冷却 IRFPA を一定の温度に保つために使用される電子冷凍機（ペルチエ素子）

略　語	説　　明
TFFE	Thin-Film FerroElectric. 薄膜強誘電体材料を用いたモノリシック非冷却 IRFPA
TMAH	TetraMethyl Ammonium Hydroxide. $(CH_3)_4NOH$ という化学組成を持った Si の異方性エッチング液
Type II SLS	Type II Strained Layer Superlattice. Type II 型のバンド関係を持った半導体歪超格子を用いた光検出器
VGA	Video Graphics Array. 640 × 480 画素
XGA	Extended Graphics Array. 1024 × 768 画素
rms	root mean square. 二乗平均平方根

参考文献

1) P. Capper and C. T. Elliott, "Infrared Detectors and Emitters: Materials and Devices," Kluwer Academic Publishers, Norwell, MA, USA (2001).

2) E. L. Dereniak and D. G. Crowe, "Optical Radiation Detectors," John Wiley and Sons, New York, USA (1984).

3) P. W. Kruse, "Uncooled Thermal Imaging Arrays, Systems and Applications," SPIE, Bellingham, MA, USA (2001).

4) P. W. Kruse and D. D. Skatrud, "Uncooled Infrared Imaging Arrays and Systems," Academic Press, San Diego, CA, USA (1997).

5) W. Herschel, "Experiments on the refrangibility of the invisible rays of the sun," Philosophical Transactions on the Royal Society of London, Vol. 90, p. 284 (1800).

6) T. Ishikawa, M. Ueno, K. Endo, Y. Nakaki, H. Hata, T. Sone, M. Kimata, and T. Ozeki, "Low-cost 320 × 240 uncooled IRFPA using conventional silicon IC process," Proc. SPIE, Vol. 3698, pp. 556-564 (1999).

7) A. Rogalski, "Infrared Photon Detectors," SPIE, Bellingham, MA, USA (1995).

8) W. D. Lawson, S. Nielson, E. H. Putley, and A. S. Young, "Preparation and properties of HgTe and mixed crystals of HgTe-CdTe," J. Phys. Chem. Solids, Vol. 9, pp. 325-329 (1959).

9) P. J. Noble, "Self-scanned silicon image detector arrays," IEEE Trans. Electron Devices, Vol. ED-15, pp. 202-209 (1968).

10) W. S. Boyle and G. E. Smith, "Charge-coupled semiconductor devices," Bell Syst. Tech. J., Vol. 49, pp. 587-593 (1970).

11) M. Kimata, M. Denda, N. Yutani, S. Iwade, and N. Tsubouchi, "A 512 × 512 element PtSi Schottky-barrier infrared image sensor," IEEE JSSC, Vol. SC-22, pp. 1124-1129 (1987).

12) N. Yutani, H. Yagi, M. Kimata, J. Nakanishi, S. Nagayoshi, and N. Tsubouchi "1040 × 1040 element PtSi Schottkybarrier IR image sensor," Tech. Digest IEDM, San Francisco, CA, USA, pp. 175-178 (1991).

13) H. C. Lim, S. Tsao, M. Taguchi, W. Zhang, A. A. Quivy, and M. Razeghi, "InGaAs/InGaP quantum-dot infrared photodetectors with a high detectivity," Proc. SPIE, Vol. 6127, pp. 61270N-1-61270N-1-6 (2006).
14) C. Hanson, H. Beratan, and R. Owen, "Uncooled thermal imaging at Texas Instruments," Proc. SPIE, Vol. 1735, pp. 17-26 (1992).
15) R. A. Wood, C. J. Han, and P. W. Kruse, "Integrated uncooled infrared detector imaging array," Tech. Dig. IEEE Solid-State Sensor and Actuator Workshop, pp. 132-135 (1992).
16) Y. Kosasayama, T. Sugino, Y. Nakaki, Y. Fujii, H. Inoue, H. Yagi, H. Hata, M. Ueno, M. Takeda, and M. Kimata, "Pixel scaling for SOI diode uncooled infrared focal plane arrays," Proc. SPIE, Vol. 5406, pp. 504-511 (2004).
17) D. Murphy, M. Ray, R. Wyles, J. Asbrock, N. Lum, J. Wyles, C. Hewitt, A. Kennedy, D. V. Lue, J. Anderson, D. Bradley, R. Chin, and T. Kostzewa, "High sensitivity 25 μm microbolometer FPAs," Proc. SPIE, Vol. 4721, pp. 99-110 (2002).
18) C. J. Han, R. Rawlings, M. Sweeney, S. Whicker, D. Peysha, J. E. Clarke, B. Sullivan, C. Li, and P. Howard, "320 × 240 and 640 × 480 UFPAs for TWS and DVE applications," Proc. SPIE, Vol. 5783, pp. 559-565 (2005).
19) P. W. Norton and M. Kohin, "Technology and applications advancements of uncooled imagers," Proc. SPIE, Vol. 5783, pp. 524-530 (2005).
20) U. Mizrahi, A. Fraenkel, L. Bykov, A. Giladi, A. Adin, E. Ilan, N. Shiloah, E. Malkinson, Y. Zabar, D. Seter, R. Nakash, and Z. Kopolovich, "Uncooled detector development program at SCD," Proc. SPIE, Vol. 5783, pp. 551-558 (2005).
21) J-L. Tissot, B. Fieque, C. Trouilleau, R. Robert, A. Crasters, C. Minssian, and O. Legras, "First demonstration of 640 × 480 uncooled amorphous silicon IRFPA with 25 μm pixel-pitch," Proc. SPIE, Vol. 6206, pp. 620618-1-620618-14 (2006).
22) R. J. Blackwell, T. Bach, D. O'Donnell, J. Geneczko, and M. Joswick, "17 μm pixel 640 × 480 microbolometer FPA development at BAE Systems," Proc. SPIE, Vol. 6542, pp. 65421U-1-65421U-4 (2007).

23) C. Li, G. D. Skidmore, C. Howard, C. J. Han, L. Wood, D. Peysha, E. Williams, C. Trujillo, J. Emmett, G. Robas, D. Jardine, C-F. Wan, and E. Clarke, "Recent development of ultra-small pixel uncooled focal plane arrays at DRS," Proc. SPIE, Vol. 6542, pp. 65421Y-1-65421Y-12 (2007).
24) D. Murphy, M. Ray, J. Wyles, C. Hewitt, R. Wyles, E. Gordon, K. Almada, T. Sessler, S. Baur, D. Van Lue, and S. Black, "640 × 512 17 μm microbolometer FPA and sensor development," Proc. SPIE, Vol. 6542, pp. 65421Z-1-65421Z-10 (2007).
25) T. Endoh, S. Tohyama, T. Yamazaki, Y. Tanaka, K. Okuyama, S. Kurashina, M. Miyoshi, K. Katoh, T. Yamamoto, Y. Okuda, T. Sasaki, H. Ishizaki, T. Nakajima, K. Shinoda, and T. Tsuchiya, "Uncooled infrared detector with 12μm pixel pitch video graphics array," Proc. SPIE, Vol. 8704, pp. 87041G-1-87041G-11 (2013).
26) A. Kennedy, P. Masini, M. Lamb, J. Hamers, T. Kocian, E. Gordon, W. Parrish, R. Williams, and T. LeBeau, "Advanced uncooled sensor product development," Proc. SPIE, Vol. 9451, pp. 94511C-1-94511C-10 (2015).
27) K-M. Muckensturm, D. Weiler, F. Hochschulz, C. Busch, T. Geruschke, S. Wall, J. He, D. Wu-rfel, R. Lerch, and H. Vogt, "Measurement results of a 12 μm pixel size microbolometer array based on a novel thermally isolating structure using a 17 μm ROIC," Proc. SPIE, Vol. 9819, pp. 98191N-1-98191N9 (2016).
28) G. D. Skidmore, "Uncooled 10 μm FPA development at DRS," Proc. SPIE, Vol. 9819, pp. 98191O-1-98191O-9 (2016).
29) D. Fujisawa, T. Maekawa, Y. Ohta, Y. Kosasayama, T. Ohnakado, H. Hata, M. Ueno, H. Ohji, R. Sato, H. Katayama, T. Imai, and M. Ueno, "2-million-pixel SOI diode uncooled IRFPA with 15 μm pixel pitch," Proc. SPIE, Vol. 8352, pp. 83531G-1- 83531G -13 (2012).
30) D. Murphy, M. Ray, A. Kennedy, J. Wyles, C. Hewit, R. Wyles, E. Gordon, T. Sessler, S. Baur, D. V. Lue, S. Anderson, R. Chin, H. Gonzalez, C. L. Pere, S. Ton, and T. Kostrzewa, "Expand applications for high performance VOx

microbolometer FPAs," Proc. SPIE, Vol. 5783, pp. 448-559 (2005).
31) C. Trouillwau, B. Fieque, S. Noblet, F. Giner, D. Pochic, A. Durand, P. Robert, S. Cortial, M. Vilain, J. L. Tissot, and J. J. Yon, "High-performance uncooled amorphous silicon TEC less XGA IRFPA with 17 μm pixel-pitch," Proc. SPIE, Vo. 7298, pp. 72980Q-1-72980Q-6 (2009).
32) S. H. Black, T. Sessler, E. Gordon, R. Kraft, T Kocian, M. Lamb, R. Williams, and T. Yang, "Uncooled detector development at Raytheon," Proc. SPIE, Vol. 8012, pp. 80121A-1-80121A-12 (2011).
33) 鈴木久之, "World's first commercial thermal sensor with 12μm pixel," 赤外線アレイセンサフォーラム、立命館大学 (2015).
34) M. Ueno, Y. Kosasayama, T. Sugino, Y. Nakaki, Y. Fujii, H. Inoue, K. Kama, T. Seto, M. Takeda, and M. Kimata, "640×480 pixel IR imaging uncooled infrared FPA with SOI diode detectors," Proc. SPIE, Vol. 5783, pp. 567-577 (2005).
35) http://www.flir.com/cores/lepton/ (2017 年 9 月 9 日)
36) https://www.ulis-ir.com/products/micro80.html (2017 年 9 月 9 日)
37) https://www.thermal.com/compact-series.html (2018 年 2 月 13 日)
38) 山中浩、吉田岳司, "MEMS 技術による小型高感度赤外線アレイセンサ", Panasonic Technical Journal, Vol. 58, pp. 68-70 (2012).
39) https://industrial.panasonic.com/jp/products/sensors/built-in-sensors/grid-eye (2018 年 2 月 13 日)
40) 田中純一, "16×16 素子サーモパイル赤外線アレイセンサの開発", 赤外線アレイセンサフォーラム、立命館大学 (2013).
41) 渡辺実, "2K 画素サーモパイル赤外線イメージセンサーの開発", 赤外線アレイセンサフォーラム、立命館大学 (2012).
42) 菱沼邦之, "サーモパイル赤外線アレイセンサ", 赤外線アレイセンサフォーラム、立命館大学 (2009).
43) 河西宏之, "赤外線センサアレーモジュール製品のご紹介", 赤外線アレイセンサフォーラム、立命館大学 (2016).
44) Private communication with Joerg Schieferdecker (August 3, 2016).

45) Private communication with Wolfgang Schmidt (August 15, 2015).
46) Private communication with Daniel Tefera (June 16, 2017).
47) http://www.mitsubishielectric.co.jp/home/kirigamine/forte/comfort.html (2018年2月13日)
48) 島本延亮、杉山貴則, "赤外線アレイセンサ "Grid-EYE" によるセンシングソリューション", 赤外線アレイセンサフォーラム、立命館大学 (2016).
49) http://panasonic.jp/range/ne_bs1400/feature1.html (2018年2月13日)
50) http://techon.nikkeibp.co.jp/atcl/feature/15/363080/101300003/-P=1 (2018年2月13日)
51) P. I. Oden, E. A. Wachter, P. G. Datskos, T. Thundat, and R. J. Warmack, "Optical and infrared detection using microcantilevers," Proc. SPIE, Vol. 2744, pp. 345-354 (1996).
52) A. Flusberg and D. Deliwala, "Highly sensitive infrared imager with direct optical readout," Proc. SPIE, Vol. 6206, pp. 62061E-1- 62061E1-8 (2006).
53) R. D. Hudson, "Infrared System Engineering," John Wiley and Sons, Inc., Hoboken, NJ, USA (2006).
54) J. M. Lloyd, "Thermal Imaging Systems," Plenum Press, New York, USA (1975).
55) R. A. Wood, "Uncooled thermal imaging with monolithic silicon focal planes," Proc. SPIE, Vol. 2020, pp. 322-329 (1993).
56) 株式会社アルバック編、新版真空ハンドブック (CD-ROM版)、オーム社 (2002).
57) K. C. Liddiard, "Application of interferometric enhancement to self-absorbing thin film thermal IR detectors," Infrared Phys., Vol. 34, pp. 379-384 (1993).
58) M. Hirota and S. Morita, "Infrared sensor with precisely patterned Au-black absorption layer," Proc. SPIE, Vol. 3436, pp. 623-635 (1998).
59) E. J. Wollack, R. E. Kinzer, and S. A. Rinehart, "A cryogenic infrared calibration target," Review of Scientific Instruments, Vol. 85, pp.

044707-1-044707-5 (2014).
60) R. Lenggenhanger, H. Baltes, J. Peer, and M. Forster, "Thermoelectric infrared sensors by CMOS technology," IEEE Electron. Device Lett., Vol. 13, pp. 454-456 (1992).
61) R. Lenggenhager, H. Baltes, and T. Elbel, "Thermoelectric infrared sensors in CMOS technology," Sensors and Actuators A, Vol. 37-38, pp. 216-220 (1993).
62) A. S. Weling and P. F. Henning, "Antenna-coupled microbolometers for multi-spectral infrared imaging," Proc. SPIE, Vol. 6206, pp. 62061F-1-62061F-8 (2006).
63) J-Y. Jung, J. Y. Park, and D. P. Neikirk, "Wavelength-selective infrared detectors based on cross patterned resistive sheet," Proc. SPIE, Vol. 7298, pp. 72980L-1-72980L-6 (2009).
64) S. Ogawa, J. Komoda, K. Masuda, and M. Kimata, "Wavelength selective wideband uncooled infrared sensor using a two-dimensional plasmonic absorber," Optical Engineering, Vol. 52, pp. 127104-1-127104-5 (2013).
65) S. Ogawa, K. Okada, N. Fukushima, and M. Kimata, "Wavelength selective uncooled infrared sensor by plasmonics," Applied Physics Letters, Vol. 100, pp. 021111-1-021111-4 (2012).
66) R. Fiete, "Image quality and λFN/p for remote sensing systems," Opt. Eng., Vol. 38, pp. 1229-1240 (1999).
67) H. Beratan, C. Hanson, and E. G. Meissner, "Low-cost uncooled ferroelectric detector," Proc. SPIE, Vol. 2274, pp. 147-156 (1994).
68) C. Hanson, "Uncooled thermal imaging at Texas Instruments," Proc. SPIE, Vol. 2020, pp. 330-339 (1993).
69) R. Owen, S. Frank, and C. Daz, "Producibility of uncooled IRFPA detectors," Proc. SPIE, Vol. 1683, pp. 74-80 (1992).
70) R. Watton, P. A. Manning, M. J. C. Perkins, J. P. Gillham, and M. A. Todd, "Uncooled IR imaging: Hybrid and integrated bolometer arrays," Proc. SPIE, Vol. 2744, pp. 486-499 (1996).

71) R. K. McEwen and P. A. Manning, "European uncooled thermal imaging sensors," Proc. SPIE, Vol. 3698, pp. 322-337 (1999).
72) R. Watton and P. Manning, "Ferroelectrics in uncooled thermal imaging," Proc. SPIE, Vol. 3436, pp. 541-554 (1998).
73) J. F. Belcher, C. M. Hanson, H. R. Beratan, K. R. Udayakumar, and K. L. Soch, "Uncooled monolithic ferroelectric IRFPA technology," Proc. SPIE, Vol. 3436, pp. 611-622 (1998).
74) C. M. Hanson and H. R. Beratan, "Thin-film ferroelectrics: Breakthrough," Proc. SPIE, Vol. 4721, pp. 91-99 (2002).
75) C. M. Hanson, H. R. Beratan, and J. F. Belcher, "Uncooled infrared imaging using thin-film ferroelectrics," Proc. SPIE, Vol. 4288, pp. 298-303 (2001).
76) M. A. Todd, P. A. Manning, P. P. Donohue, A. G. Brown, and R. Watton, "Thin film ferroelectric materials for microbolometer arrays," Proc. SPIE, Vol. 4130, pp. 128-139 (2001).
77) H. Xu, T. Mukaigawa, K. Hashimoto, R. Kubo, T. Kiyomoto, H. Zhu, M. Noda, and M. Okuyama, "Si monolithic microbolometers of ferroelectric BST thin film combined with readout FET for uncooled infrared image sensor," Tech Dig. 10th Int. Conf.Solid-State Sensors and Actuators (Transducers), pp. 398-401 (1999).
78) H. Xu, K. Hashimoto, T. Mukaigawa, H. Zhu, R. Kubo, T. Usuki, H. Kishihara, M. Noda, Y. Suzuki, and M. Okuyama, "Development of Si monolithic (Ba,Sr) TiO_3 thin-film ferroelectric microbolometers for uncooled chopperless infrared sensing," Proc. SPIE 4130, pp. 140-51 (2000).
79) N. Fujitsuka, J. Sakata, Y. Miyachi, K. Mizuno, K. Ohtsuka, Y. Taga, and O. Tabata, "Monolithic pyroelectric infrared image sensor using PVDF thin film," Proc. Int. Conf. Solid-State Sensors and Actuators (Transducers), pp. 1237-1240 (1997).
80) P. W. Kruse, L. D. McGlauchlin, and R. B. McQuistan, "Elements of Infrared Technology: Generation, Transmission, and Detection," John Wiley and Sons, New York, USA (1962).

81) K. C. Liddiard, "Thin-film resistance bolometer IR detectors," Infrared Phys., Vol. 24, pp. 57-64 (1983).
82) R. A. Wood, "High-performance infrared thermal imaging with monolithic silicon focal planes operating at room temperature," Proc. IEEE IEDM, pp. 175-177 (1993).
83) R. Herring and P. E. Howard, "Design and performance of the ULTRA 320 × 240 uncooled focal plane array and sensor," Proc. SPIE, Vol. 2746, pp. 2-12 (1996).
84) P. E. Howard and J. E. Clarke, "Advanced high-performance 320 × 240 VOx microbolometer uncooled IR focal plane," Proc. SPIE, Vol. 3698, pp. 131-137 (1999).
85) C. Marshall, N. Butler, R. Blackwell, R. Murphy, and T. Breen, "Uncooled infrared sensor with digital focal plane array," Proc. SPIE, Vol. 2746, pp. 23-31 (1996).
86) W. Radford, D. Murphy, M. Ray, S. Propst, A. Kennedy, J. Kojiro, J. Woolaway, K. Soch, R. Coda, G. Lung, E. Moody, D. Gleichman, and S. Baur, "320 × 240 silicon microbolometer uncooled IRFPAs with on-chip offset correction," Proc. SPIE, Vol. 2746, pp. 82-92 (1996).
87) B. Terre, B. Cannata, P. Franklin, A. Gonzalez, E. Kurth, H. Ly, B. Parrish, K. Peters, T. Romeo, and B. VanYsseldyk, "Microbolometer development and production at Indigo Systems," Proc. SPIE, Vol. 5074, pp. 518-526 (2003).
88) H. Wada, M. Nagashima, N. Oda, T. Sasaki, A. Kawahara, M. Kanzaki, Y. Tsuruta, T. Mori, S. Matsumoto, T. Sima, M. Hijikawa, N. Tsukamoto, and H. Gotoh, "Design and performance of 256 × 256 bolometer-type uncooled infrared detector," Proc. SPIE, Vol. 3379, pp. 90-100 (1998).
89) J. Brady, T. Schimert, D. Ratcliff, R. Gooch, B. Ritchey, P. McCardel, K. Rachels, S. Ropson, M. Wand, W. Weinstein, and J. Wynn, "Advances in amorphous silicon uncooled IR systems," Proc. SPIE, Vol. 3698, pp. 161-167 (1999).
90) G. L. Francisco, "Amorphous silicon bolometer for fire/rescue," Proc. SPIE,

Vol. 4360, pp. 138-148 (2001).
91) E. Mottin, A. Bain, J. L. Martin, J. L. Ouvrier-Buffet, J. J. Yon, J. P. Chatard, and Tissot, "Uncooled amorphous silicon technology: High performance achievement and feature trends," Proc. SPIE, Vol. 4721, pp. 56-63 (2002).
92) J-L. Tissot, F. Rothan, C. Vedel, M. Vilain, and J-J.Yon, "LETI/LIR's amorphous silicon uncooled microbolometer development," Proc. SPIE, Vol. 3436, pp. 139-144 (1998).
93) J-L. Tissot, J-J. Martin, E. Mottin, M. Viain, J-J. Yon, and J. P. Chatard, "320 × 240 microbolometer uncooled IRFPA development," Proc. SPIE, Vol. 4130, pp. 473-479 (2000).
94) M. H. Unewiss, B. I. Craig, R. J. Watson, O. Reinholed, and K. C. Liddiard, "The growth and properties of semiconductor bolometers for infrared detection," Proc. SPIE, Vol. 2554, pp. 43-54 (1995).
95) C. Vedel, J-L. Martin, J. L. Ouvrier-Buffet, J-L. Tissot, M. Vilain, and J-J. Yon, "Amorphous silicon based uncooled microbolometer IRFPA," Proc SPIE, Vol. 3698, pp. 276-283 (1999).
96) S. Eminogl, D. S. Tezcan, and T. Akin, "A CMOS n-well microbolometer FPA with temperature coefficient enhancement circuitry," Proc. SPIE, Vol. 4369, pp. 240-249 (2001).
97) D. S. Tezcan, S. Eminoglu, O. S. Akae, and T. Akin, "An uncooled microbolometer infrared focal plane array in standard CMOS," Proc. SPIE, Vol. 4288, pp. 112-121 (2001).
98) M. Henini and M. Razeghi, "Handbook of Infrared Detection Technologies," Elsevier Science Ltd, Oxford, UK (2002).
99) V. N. Leonov, Y. Greten, P. D. Moor, B. D. Bois, C. Goessens, B. Grietens, P. Merken, N. A. Perova, G. Puttens, C. V. Hoof, A. Verbist, and J. Veermeiren, "Small two-dimensional and linear arrays of polycrystalline SiGe microbolometers at IMEC-Xenics," Proc. SPIE, Vol. 5074, pp. 446-457 (2003).
100) D. P. Moor, J. John, S. Sedky, and C. V. Hoof, "Linear arrays of fast

uncooled poly SiGe microbolometers for IR detection," Proc. SPIE, Vol. 4028, pp. 27-34 (2000).

101) S. Sedky, P. Fiorini, M. Caymax, C. Baert, L. Hermans, and R. Mertens, "Characterization of bolometers based on polycrystalline silicon germanium alloys," IEEE Eelctron Device Lett., Vol. 19, pp. 376-378 (1998).

102) M. Rana and D. P. Butler, "Amorphous Ge_xSi_{1-x} and $Ge_xSi_{1-x}O_y$ thin films for uncooled microbolometers," Proc. SPIE, Vol. 5783, pp. 597-606 (2005).

103) M. L. Hai, M. Hesan, J. Lin, Q. Cheng, M. Jalal, A. J. Syllaios, S. Ajmera, and M. Almasri, "Uncooled silicon germanium oxide ($Si_xGe_yO_{1-x-y}$) thin films for infrared detection," Proc. SPIE, Vol. 8353, pp. 835317-1-835317-14 (2012).

104) P. Ericsson, A. C, Fischer, F. Forsberg, N. Roxhed, B. Samel, S. Savage, G. Stemme, S. Wissmar, O. Oberg, and F. Niklaus, "Towards 17 μm pitch heterogeneously integrated Si/SiGe quantum well bolometer focal plane arrays," Proc. SPIE, Vol. 8012, pp. 801216-1-801216-10 (2011).

105) A. Rober, A. Lapadatu, E. Wolla, and G. Kittisland, "High performance LWIR microbolomerter with Si/SiGe quantum well thermistor and wafer level package," Proc. SPIE, Vol. 8704, pp. 87041B-1-87041B-9 (2013).

106) M. Almasri, D. P. Butler, and Z. Celik-Butler, "Semiconducting YBCO bolometers for uncooled IR detection," Proc. SPIE, Vol. 4028, pp. 17-26 (2000).

107) A. Jahanzeb, C. M. Traverse, Z. Celik-Butler, D. P. Butler, and S. G. Tan, "A semiconductor YBaCuO microbolometer for room temperature IR imaging," IEEE Trans. Electron Devices, Vol. 44, pp. 1795-1801 (1997).

108) Z. Celik-Butler, D. P. Butler, and A. Yildiz, "Room-temperature YBaCuO infrared detectors on a flexible substrate," Proc. SPIE, Vol. 4721, pp. 260-268 (2002).

109) H. Wada, T. Sone, H. Hata, Y. Nakaki, O. Kaneda, Y. Ohta, M. Ueno, and M. Kimata, "YBaCuO uncooled microbolometer IRFPA," Sensors and Materials., Vol. 12, pp. 315-325 (2000).

110) P. A. Manning, J. P. Gillha, N. J. Parkinson, and T. P. Kaushal, "Silicon foundry micro-bolometers - The route to the mass market thermal imager," Proc. SPIE, Vol. 5406, pp. 465-472 (2004).
111) A. Tanaka, S. Natsumoto, B. Tsukamoto, S. Itoh, K. Chiba, T. Endoh, A. Nakazato, K. Okuyama, Y. Kumazawa, M. Hijikawa, H. Gotoh, T. Tanaka, and N. Teranishi, "Infrared focal plane array incorporating silicon IC process compatible bolometer," IEEE Trans. Electron Devices, Vol. 43, pp. 1844-1850 (1996).
112) Y. S. Lee, D. S. Kim, Y-C. Jung, and H. C. Lee, "Electric characteristic of nickel oxide film for microbolometer," Proc. SPIE, Vol. 8012, pp. 80121P-1-80121P-7 (2011).
113) Y. Jim, D. S. John, T. N. Jackson, and M. W. Horn, "Nickel oxide and molybdenum oxide thin films for infrared imaging prepared by biased target ion-beam deposition," Proc. SPIE, Vol. 9070, pp. 90701S-1-90701S-8 (2014).
114) Y. Jeong, M-H. Kwon, S.G. Kang, and H. Jung, "Development of titanium oxide based 12 μm pixel pitch uncooled infrared detector," to be published in Proc. SPIE, Vol. 10624 (2018).
115) T. Endoh, S. Tohyama. T. Yamazaki, Y. Tanaka, K. Okuyama, S. Kurashima, M. Miyoshi, K. Katoh, T. Yamamoto, Y. Okuda, and T. Sasaki, "Uncooled infrared detector with 12 μm pixel pitch video graphic array," Proc. SPIE, Vol. 8704, pp. 87031G-1-8704G-10 (2013).
116) W. Radford, D. Murphy, A. Finch, K. Hay, A. Kennedy, M. Ray, A. Sayed, J. Wyles, J. Varesi, E. Moody, and F. Cheung, "Sensitivity improvements in uncooled microbolometer FPAs," Proc. SPIE, Vol. 3698, pp. 119-130 (1999).
117) D. Murphy, A. Kennedy, M. Ray, J. Wyles, J. Asbrock, C. Hewitt, D. V. Lue, T. Sessler, J. Anderson, D. Bradley, R. Chin, H. Gonzalez, C. L. Pere, and T. Kostrzewa, "Resolution and sensitivity improvements for VOx microbolometer FPAs," Proc. SPIE, Vol. 5074, pp. 402-413 (2003).
118) D. Murphy, M. Ray, A. Kennedy, J. Wyles, C. Hewitt, E. Gordon, T. Sessler, S. Baur, D. V. Lue, S. Anderson, R. Chin, H. Gonzalez, C. L. Pere, and S. Ton,

"High sensitivity 640×512 (20 μm pitch) microbolometer FPAs," Proc. SPIE, Vol. 6206, pp. 62061A-1-1-62061A-14 (2006).
119) H. Jerominek, T. D. Pope, C. Alain, A. Zhang, F. Picard, M. Lehoux, F. Cayer, S. Savard, C. Larouche, and C. Crenier, "Miniature VO_2-based bolometric detectors for high-performance uncooled FPAs," Proc. SPIE, Vol. 4028, pp. 47-56 (2000).
120) H-K. Lee, J-B. Yoon, E. Yoon, S-B. Ju, Y-J. Yong, W. Lee, and S-G. Kim, "A high fill-factor IR bolometer using multi-level electrothermal structures," Tech. Dig. IEEE Int. Electron Device Meeting, pp. 463-466 (1998).
121) S. Tohyama, M. Miyoshi, S. Kurashina, N. Ito, T. Sasaki, A. Ajisawa, and N. Oda, "New thermal isolation pixel structure for high-resolution uncooled infrared FPAs," Proc. SPIE, Vol. 5406, pp. 428-436 (2004).
122) K. A. Hay and D. V. Deusen, "Uncooled focal plane array detector development at Infrared Vision Technology Corporation," Proc. SPIE, Vol. 5783, pp. 514-523 (2005).
123) K-M. Muckensturm, D. Weiler, F. Hochschulz, C. Busch, T. Geruschke, S. Wall, J. Heb, D. Wufel, R. Lerch, and H. Vogt, "Measurement results of a 12μm pixel size microbolometer array based on a novel thermally isolating structure using 17μm ROIC," Proc. SPIE, Vol. 98191N-1-98191N-9 (2016).
124) M. Altman, B. Backer, M. Kohin, R. Blackwell, N. Butler, and J. Cullen, "Lockheed Martin's 640×480 uncooled microbolometer camera," Proc. SPIE, Vol. 3698, pp. 137-143 (1999).
125) P. W. Norton, S. Cox, B. Murphy, K. Grealish, M. Joswick, B. Denley, F. Feda, L. Elmali, and M. Kohin, "Uncooled thermal imaging sensor and application advances," Proc. SPIE, Vol. 6206, pp. 620617-1-620617-7 (2006).
126) E. Mottin, J-L. Martin, J-L. Ouvrrier-buffet, M. Vilain, A. Bain, J-J. Yon, J-L. Tissot, and J-P. Chatard, "Enhanced amorphous silicon technology for 320×240 microbolometer arrays with a pitch of 35 μm," Proc. SPIE, Vol. 4369, pp. 250-256 (2001).
127) J-J. Yon, A. Astier, S. Bisotto, G. Chamings, A. Durand, J. L. Martin, E.

Mottin, J. L. Ouvrier-Buffet, and J-L. Tissot, "First demonstration of 25 μm pitch uncooled amorphous silicon microbolometer IRFPA at LETI-LIR," Proc. SPIE, Vol. 5783, pp. 432-40 (2005).
128) D. Weiler, F. Hochschulz, D. Wurfel, R. Lerch, T. Geruschke, S. Wall, J, Heb, Q. Wang, and H. Vogt, "Uncooled digital IRFPA-family with 17μm pixel-pitch based on amorphous silicon with massively parallel sigma-delta-ADC readout," Proc. SPIE, Vol. 9070, pp. 90701M-1-90701M-6 (2014).
129) C. Li, C. J. Han, G. D. Skidmore, G. Cook, K. Kubala, R. Bates, D. Temple, J. Lannon, A. Hilton, K. Glukh, and B. Hardy, "Low cost uncooled VOx infrared camera development," Proc. SPIE, Vol. 8704, pp. 87041L-1-87041L-10 (2013).
130) C. Li, G. D. Skidmore and C. J. Han, "Uncooled VOx Infrared Sensor Development and Application," Proc. SPIE, Vol. 8012, pp. 80121N-1-80121N-8 (2011).
131) A. Durand, J. L. Tissot, P. Robert, S. Cortial, C. Roman, M. Vilain, and O. Legras, "VGA 17 μm development for compact, low power systems," Proc. SPIE, Vol. 8012, pp. 80121C-1-80121C-7 (2011).
132) U. Mizrahi, N. Argaman, S. Elkind, A. Giladi, Y. Hirsh, M. Labilov, I. Pivnik, N. Shiloah, M. Singer, A. Tuito, M. Ben-Ezra, and I. Shitrichman, "Large format 17μm high-end VOx --Bolometer infrared detector," Proc. SPIE, Vol. 8704, pp. 87041H-1-87041H-8 (2013).
133) J. Lee, C. Rodriguez, and R. Blackwell, "BAE Systems' 17μm LWIR camera core for civil, commercial and military applications," Proc. SPIE, Vol. 8704, pp. 87041J-1-87041J-6 (2013).
134) U. Mizrahi, S. Yuval, Y. Hirsh, Y. Sinai, Y. Lury, Y. Gridish, N. Syrel, Y. Shamay, R. Meshorer, R. Iosevich, and S. L. Horesh, "Low-SWaP shutterless uncooled video core by SCD," Proc. SPIE, Vol. 9451, pp. 94511E-1-94511E-9 (2015).
135) A. Kennedy, P. Masini, M. Lamb, J. Hamers, T. Kocian, E. Gordon, W. Parrish, R. Williams, and T. LeBeau, "Advanced uncooled sensor product

development," Proc. SPIE, Vol. 9451, pp. 94511C-1-94511C-10 (2015).
136) L. Sengupta, P-A. Auroux, D. McManus, D. A. Harris, R. J. Blackwell, J. Bryant, M. Boal, and E. Binkerd, "BAE Systems' SMART chip camera FPA development," Proc. SPIE, Vol. 9451, pp. 94511B-1-94511B-7 (2015).
137) J-L. Tissot, A. Crastes, C. Trouilleau, B. Fieque, and S. Tinnes, "Multipurpose high performance 160 × 120 uncooled IRFPA," Proc. SPIE, Vol. 5406, pp. 550-556 (2004).
138) G. R. Lahiji and K. D. Wise, "A batch-fabricated silicon thermopile infrared detector," IEEE Trans. Electron. Devices, Vol. ED-29, pp. 14-22 (1982).
139) I. H. Choi and K. D. Wise, "A silicon-thermopile-based infrared sensing array for use in automated manufacturing," IEEE Trans. Electron Devices, Vol. ED-32, pp. 72-79 (1986).
140) R. Lenggenhager, H. Baltes, and T. Elbel, "Thermoelectric infrared sensors in CMOS technology," Sensors and Actuators A, Vol. 37-38, pp. 216-220 (1993).
141) A. D. Oliver and K. D. Wise, "A 1024-element bulk-micromachined thermopile infrared imaging array," Sensors and Actuators, Vol. 73, pp. 222-231 (1999).
142) N. Schneeberger, O. Paul, and H. Baltes, "Optimization structured absorbers for CMOS infrared detectors," Proc. Transducers '95 and Eurosensors IX, pp. 25-29 (1995).
143) U. Munch, D. Jaeggi, N. Schneeberger, A. Schaufelberbuhl, O. Paul, H. Baltes, and J. Jasper, "Industrial fabrication technology for CMOS infrared sensor arrays," Proc. Transducers '97, pp. 205-208 (1997).
144) A. Schaufelbuhl, N. Scheeberger, U. Munch, M. Waelti, O. Paul, O. Brand, H. Baltes, C. Menolfi, Q. Huang, E. Doering, and M. Loepfe, "Uncooled low-cost thermal imager based on micromachined CMOS integrated sensor array," IEEE J. MEMS, Vol. 10, pp. 503-510 (2001).
145) M. Hirota, F. Satou, M. Saito, Y. Kishi, Y. Nakajima, and M. Uchiyama,

"Thermoelectric infrared imager and automotive applications," Proc. SPIE, Vol. 4369, pp. 312-321 (2001).
146) M. Hirota, Y. Nakajima, M. Saito, F. Satou, and M. Uchiyama, "120 × 90 element thermopile array fabricated with CMOS technology," Proc. SPIE, Vol. 4820, pp. 239-249 (2003).
147) T. Kanno, M. Saga, S. Matsumoto, M. Uchida, N. Tsukamoto, A. Tanaka, S. Itoh, A. Nakazato, T. Endoh, S. Tohyama, Y. Yamamoto, S. Murashima, N. Fujimoto, and N. Teranishi, "Uncooled infrared focal plane array having 128 × 128 thermopile detector elements," Proc. SPIE, Vol. 2269, pp. 450-459 (1994).
148) M. C. Foote and E. W. Jones, "High performance micromachined thermopile linear arrays," Proc. SPIE, Vol. 3379, pp. 192-197 (1998).
149) M. C. Foote, E. W. Jones, and T. Caillat, "Uncooled thermopile infrared detector linear arrays with detectivity greater than 10^9 cmHz$^{1/2}$/W," IEEE Trans. Electron Devices, Vol. 45, pp. 1896-1902 (1998).
150) M. C. Foote and S. Gaalema, "Progress towards high performance thermopile imaging arrays," Proc. SPIE, Vol. 4369, pp. 350-355 (2001).
151) A. Dehe, K. Fricke, and H. L. Hartnagel, "Infrared thermopile sensor based on AlGaAs-GaAs micromachining," Sensors and Actuators A, Vol. 46-47, pp. 432-436 (1995).
152) A. Dehe, D. Pavlidis, K. Hong, and H. L. Hartnagel, "InGaAs/InP thermoelectric infrared sensor utilizing surface bulk micromachining technology," IEEE Trans. Electron Devices, Vol. 44, pp. 1052-1059 (1997).
153) S. M. Sze, "Physics of Semiconductor Devices," John Wiley and Sons, New York (1969).
154) M. Suzuki, K. Makino, A. Tanaka, R. Asahi, O. Tabata, S. Sugiyama, and M. Takigawa, "An infrared detector using poly-silicon p-n junction diode," Tech. Dig. 9th Sensor Symposium, pp. 71-74 (1990).
155) A. Tanaka, M. Suzuki, R. Asahi, O. Tabata, and S. Sugiyama, "Infrared linear image sensor using a poly-Si pn junction diode array," Infrared Phys.,

Vol. 33, pp. 229-236 (1992).

156) R. Asahi, O. Tabata, F. Suzuki, S. Sugiyama, M. Suzuki, and A. Tanaka, "An infrared imaging sensor using poly-silicon p-n junction diodes," Tech. Dig. 11th Sensor Symposium, pp. 99-102 (1992).

157) M. Kimata, M. Ueno, M. Takeda, and T. Seto, "SOI diode uncooled infrared focal plane arrays," Proc. SPIE, Vol. 6127, pp. 61270X-1-61270X-11 (2006).

158) T. Ishikawa, M. Ueno, Y. Nakaki, K. Endo, Y. Ohta, J. Nakanishi, K. Kosasayama, H. Yagi, T. Sone, and M. Kimata, "Performance of 320×240 uncooled IRFPA with SOI diode detectors," Proc. SPIE, Vol. 4130, pp. 152-159 (2000).

159) Y. Nakaki, H. Hata, H. Yagi, H. Inoue, T. Sugino, M. Ueno, M. Takeda, and M. Kimata, "Dry micromachining process for uncooled IR FPA with SOI diode detectors," Proc. SENSOR 2003, pp. 179-184 (2003).

160) D. Takamuro, T. Maegawa, T. Sugino, Y. Kosasayama, T. Ohnakado, H. Hata, M. Ueno, H. Fukumoto, and K. Ishida, "Development of new SOI diode structure for beyond 17μm pixel pitch SOI diode uncooled IRFPAs," Proc. SPIE, Vol. 8012, pp. 80121E-1-80121E-10 (2011).

161) 小笹山、杉野、中木、上野、釜、"高感度SOIダイオード方式非冷却赤外線FPA"、映像情報メディア学会技術報告、Vol. 32, pp. 21-26 (2008).

162) S. Eminoglu, M. Y. Tanrikulu, D. S. Tezcan, and T. Akin, "A low-cost small pixel uncooled infrared detector for large focal plane arrays using a standard CMOS process," Proc. SPIE, Vol. 4721, pp. 111-121 (2002).

163) S. Eminoglu, M. Y. Tanrikulu, and T. Akin, "Low-cost uncooled infrared detector arrays in standard CMOS," Proc. SPIE, Vol. 5074, pp. 425-436 (2003).

164) J. E. Murguia, P. K. Tedrow, F. D. Shepherd, D. Leahy, and M. M. Weeks, "Performance analysis of a thermoionic thermal detector at 400 K, 300 K, and 200 K," Proc. SPIE, Vol. 3698, pp. 361-375 (1999).

165) R. Amantea, C. M. Knoedler, F. P. Pantuso, V. K. Patel, D. J. Sauer, and J. R. Tower, "An uncooled IR imager with 5mK NETD," Proc. SPIE, Vol. 3061, pp. 210-222 (1997).
166) W. Wang, V. Ypadhyay, C. Munoz, J. Bumgarner, and O. Edwards, "FEA simulation, design and fabrication of uncooled MEMS capacitive thermal detector for infrared FPA imaging," Proc. SPIE, Vol. 6206, pp. 62061L-1-62061L-12 (2006).
167) S. R. Hunter, R. A. Amante, L. A. Goodman, D. B. Kharas, S. Gershtein, J. R. Matey, S. N. Perna, Y. Yu, N. Maley, and L. K. White, "High sensitivity uncooled microcantilever infrared imaging arrays," Proc. SPIE, Vol. 5074, pp. 469-480 (2003).
168) R. Amantea, L. A. Goodman, F. Pantuso, D. J. Sauer, M. Varghese, T. S. Villani, and L. K. White, "Progress towards an uncooled IR imager with 5 mK NETD," Proc. SPIE, Vol. 3436, pp. 647-659 (1998).
169) S. R. Hunter, G. S. Mauer, G. Simelgor, and J. Jiang, "High sensitivity uncooled microcantilever infrared imaging arrays," Proc. SPIE, Vol. 6206, pp. 62061J-1-1-62061J-12, USA (2006).
170) P. G. Datskos, S. Rajic, L. R. Senesac, D. D. Earl, B. M. Evans, J. L. Corbeil, and I. Datskou, "Optical readout of uncooled thermal detectors," Proc. SPIE, Vol. 4230, pp. 185-197 (2000).
171) T. Ishizuya, J. Suzuki, K. Akagawa, and T. Kazama, "Optically readable bi-materials infrared detector," Proc. SPIE, Vol. 4369, pp. 342-349 (2001).
172) Y. Zhao, J. Choi, R. Horowtz, A. Majumdar, J. Kitching, and P. Norton, "Characterization and performance of optomechanical uncooled infrared imaging system," Proc SPIE, Vol. 4820, pp. 164-174 (2003).
173) M. Wu, J. Cook, R. D. Vito, J. Li, E. Ma, R. Murano, N. Nemchuk, M. Tabasky, and M. Wagner, "Novel low-cost uncooled infrared camera," Proc. SPIE, Vol. 5783, pp. 496-505 (2005).
174) L. Secundo, Y. Lubianiker, and A. J. Agranat, "Uncooled FPA with optical reading: Reaching the theoretical limit," Proc. SPIE, Vol. 5783, pp. 483-495

(2005).
175) B. E. Cole, R. E. Higashi, J. A. Ridely, and R. A. Wood, "Integrated vacuum packaging for low-cost light-weight uncooled microbolometer arrays," Proc. SPIE, Vol. 4369, pp. 235-239 (2001).
176) H. Hata, Y. Nakaki, H. Inoue, Y. Kosasayama, Y. Ohta, H. Fukumoto, T. Seto, K. Kama, M. Takeda, and M. Kimata, "Uncooled IRFPA with chip scale vacuum package," Proc. SPIE, Vol. 6206, pp. 620612-1-620619-10 (2006).
177) T. Ito, T. Tokuda, M. Kimata, H. Abe, and N. Tokashiki, "Vacuum packaging technology for mass production of uncooled IRFPAs," Proc. SPIE, Vol. Vol. 7298, pp. 72982A-1-72982A-10 (2009).
178) M. Kimata, T. Tokuda, A. Tsuchinaga, T. Matsumura, H. Abe, and N. Tokashiki, "Vacuum packaging technology for uncooled infrared sensor," IEEJ Transactions on Electrical and Electronic Engineering, Vol. 5, pp. 175-180 (2010).
179) A. Astier, A. Arnaud, J-L. Ouvrier-Buffet, J-J. Yon, and E. Motin, "Advanced packaging developed for very low cost uncooled IRFPA," Proc. SPIE, Vol. 5406, pp. 412-421 (2004).
180) G. Dumont, A. Arnaud, P. Imperinetti, C. Vialle, W. Rabaud, V. Goudon, and J-J. Yon, "Innovative on-chip packaging applied to uncooled IRFPA," Proc. SPIE, Vol. 6940, pp. 69401Y-1-69401Y-6 (2008).
181) J. J. Yon, G. Dumont, V. Goudon, S. Becker, and A. Arnaud, "Latest improvements in microbolometer thin film packaging: Paving the way for low cost consumer applications," Proc. SPIE, Vol. 9070, pp. 90701N-1-90701N-8 (2014).
182) 森 隆二, "赤外線センサ用真空封止パッケージング技術", 赤外線アレイセンサフォーラム、立命館大学 (2014).
183) D. C. Harris, "Materials for Infrared Windows and Domes," SPIE, Bellingham, WA (1999).
184) http://eom.umicore.com/storage/eom/gasir1-for-infrared-optics.pdf (2018年2月13日)

185）http://www.lightpath.com/wp-content/uploads/2015/11/LPTHCORP-1512_BD6-Glass-Datasheet.pdf（2018 年 2 月 13 日）
186）http://www.sei.co.jp/zns_lens/（2018 年 2 月 13 日）
187）Tom Krekels, "High volume moulded optics," 赤外線アレイセンサフォーラム、立命館大学（2013）.
188）M. Vollmer and K.-P. Mollmann, "Infrared Thermal Imaging," Wiley-VCH Verlag GmbH, Weinheim, Germany（2010）.
189）H. Budzier and G. Gerlach, "thermal infrared sensors," John Wiley & Sons, Ltd., West Sussex, UK（2011）.
190）W. Minkina and S. Dudzik, "Infrared Thermopgraphy," John Wiley and Sons, Ltd, West Sussex, UK（2009）.
191）http://www.nightdriversystems.com/nightdriver.html（2017 年 9 月 1 日）
192）https://archives.media.gm.com/ca/gm/en/news/releases/archived%20releases/8f8b67f39a2b5d948525696d00711289.htm（2017 年 9 月 1 日）
193）http://www.honda.co.jp/tech/auto/night-vision/（2017 年 9 月 1 日）
194）Infrared Imaging News（Maxtech Intl）, Vol. 11, Issue 8（2005）.
195）http://www.flir.com/cvs/cores/view/-id=51221（2017 年 9 月 1 日）
196）http://www.autolivnightvision.com/vehicles/（2017 年 9 月 1 日）
197）The World Market for Commercial and Dual-Use Infrared Imaging and Infrared Thermometry Equipment, Maxtech Intl（2012）.
198）H. Kaplan, "Practical Applications of Infrared Thermal Sensing and Imaging Equipment," SPIE Press（2007）.
199）https://www.edevis.com/content/en/index.php（2018 年 2 月 13 日）
200）http://www.w-e-shikoku.co.jp/business/jsystem.html（2018 年 2 月 13 日）
201）Infrared Imaging News（Maxtech Intl）, January Issue（2017）.
202）Infrared Imaging News（Maxtech Intl）, June Issue（2016）

以下の表で、「本書内図番」の欄にあげた図は、著作権者の許可を得て、表中の「本書参考文献番号」の欄に記した文献の図を複製転載したものである。

本書内図番	著作権者	本書参考文献番号
図 2-5	SPIE (The international society for optics and photonics)	29
図 2-6	SPIE (The international society for optics and photonics)	29
図 3-7	Elsevier (Academic Press)	4
図 3-16	Elsevier (Pergamon Press)	56
図 3-17	SPIE (The international society for optics and photonics)	146
図 3-20	Elsevier	61
図 3-28	SPIE (The international society for optics and photonics)	66
図 4-1	Supringer nature (Kluwer Academic Publishers)	1
図 4-2	SPIE (The international society for optics and photonics)	14
図 4-3	SPIE (The international society for optics and photonics)	14
図 4-4	SPIE (The international society for optics and photonics)	69
図 4-5	SPIE (The international society for optics and photonics)	14
図 4-6	SPIE (The international society for optics and photonics)	70
図 4-7	SPIE (The international society for optics and photonics)	75
図 4-8	SPIE (The international society for optics and photonics)	76
図 4-9	一般社団法人　電気学会	77
図 4-10	IEEE	79
図 5-1	Elsevier (Academic Press)	4
図 5-2	Elsevier (Academic Press)	4
図 5-3	Elsevier (Academic Press)	4
図 5-4	Elsevier (Academic Press)	4
図 5-5	Elsevier (Academic Press)	4
図 5-6	Elsevier (Academic Press)	4
図 5-7	SPIE (The international society for optics and photonics)	94
図 5-4	SPIE (The international society for optics and photonics)	92
図 5-9	SPIE (The international society for optics and photonics)	92
図 5-10	SPIE (The international society for optics and photonics)	91
図 5-12	SPIE (The international society for optics and photonics)	17
図 5-13	SPIE (The international society for optics and photonics)	30
図 5-14	SPIE (The international society for optics and photonics)	121
図 5-16	SPIE (The international society for optics and photonics)	27
図 5-18	SPIE (The international society for optics and photonics)	19
図 6-3	SPIE (The international society for optics and photonics)	138
図 6-4	SPIE (The international society for optics and photonics)	138

本書内図番	著作権者	本書参考文献番号
図 6-5	Elsevier	141
図 6-6	IEEE	143
図 6-8	SPIE (The international society for optics and photonics)	145
図 6-9	SPIE (The international society for optics and photonics)	150
図 7-1	SPIE (The international society for optics and photonics)	157
図 7-2	一般社団法人　電気学会	156
図 7-3	SPIE (The international society for optics and photonics)	157
図 7-4	SPIE (The international society for optics and photonics)	157
図 7-5	SPIE (The international society for optics and photonics)	157
図 7-6	SPIE (The international society for optics and photonics)	157
図 7-7	SPIE (The international society for optics and photonics)	157
図 7-8	SPIE (The international society for optics and photonics)	157
図 8-1	SPIE (The international society for optics and photonics)	167
図 8-2	SPIE (The international society for optics and photonics)	165
図 8-3	SPIE (The international society for optics and photonics)	171
図 8-4	SPIE (The international society for optics and photonics)	173
図 9-4	Elsevier (Academic Press)	4
図 9-5	SPIE (The international society for optics and photonics)	175
図 9-9	SPIE (The international society for optics and photonics)	26
図 9-10	SPIE (The international society for optics and photonics)	26
図 9-13	SPIE (The international society for optics and photonics)	176
図 9-16	SPIE (The international society for optics and photonics)	181
図 9-17	SPIE (The international society for optics and photonics)	181
図 9-18	一般社団法人　電気学会	178
図 10-2	SPIE (The international society for optics and photonics)	183
図 10-5	John Wiley & Sons	188
図 10-6	John Wiley & Sons	189
図 10-8	John Wiley & Sons	188
図 10-11	John Wiley & Sons	188
図 10-12	John Wiley & Sons	189
図 10-19	SPIE (The international society for optics and photonics)	198

■ 著者紹介 ■

木股 雅章（きまた まさふみ）

1976 年　名古屋大学大学院工学研究科修士課程修了。同年　三菱電機株式会社入社。2004 年　立命館大学理工学部教授。1980 年より現在まで赤外線イメージセンサの研究開発に従事。日本赤外線学会、応用物理学会、IEEE 会員、電気学会上級会員、SPIE フェロー。2013 ～ 2014 年　日本赤外線学会会長。1988 年　市村賞貢献賞、1993 年　全国発明表彰内閣総理大臣発明賞、2016 年　日本赤外線学会業績賞などを受賞。工学博士。

●ISBN 978-4-904774-69-4

元 拓殖大学　後藤 尚久　著

設計技術シリーズ

EMC技術者のための電磁気学

本体 2,700 円 + 税

発行／科学情報出版（株）

●ISBN 978-4-904774-68-7
ローム株式会社　稲垣 亮介　著

設計技術シリーズ

ー製品の信頼性を高める半導体ー

LSIのEMC設計

本体 4,200 円＋税

発行／科学情報出版（株）

●ISBN 978-4-904774-62-5
東京電機大学　陶山 健仁　著

設計技術シリーズ

ディジタルフィルタ 原理と設計法

本体 4,600 円＋税

発行／科学情報出版（株）

●ISBN 978-4-904774-59-5

立命館大学　徳田 昭雄　著

EUにおけるエコシステム・デザインと標準化
―組込みシステムからCPSへ―

本体 2,700 円＋税

発行／科学情報出版（株）

設計技術シリーズ

赤外線センサ原理と技術

2018年6月26日　初版発行

著　者　　木股　雅章　©2018

発行者　　松塚　晃医

発行所　　科学情報出版株式会社

〒300-2622　茨城県つくば市要443-14 研究学園

電話　029-877-0022

http://www.it-book.co.jp/

ISBN 978-4-904774-64-9　C2053